图 2-1　棉花

图 2-2　麻

图 2-3　蚕茧

图 2-4　羊

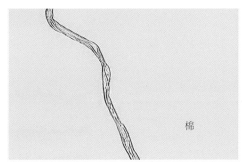

图 2-5　棉纤维的横、纵截面

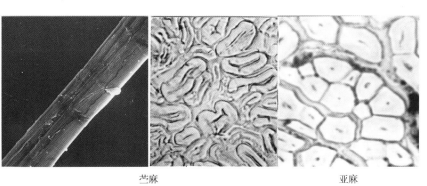

苎麻　　　　　　　　亚麻

图 2-6　麻纤维的纵、横截面

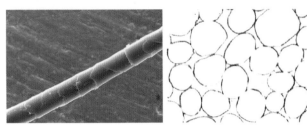
图 2-7　羊毛纤维的纵、横截面

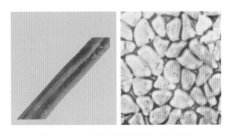
图 2-8　蚕丝纤维的纵、横截面

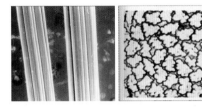
图 2-9　黏胶纤维的纵、横截面

图 2-10　涤纶纤维的纵、横截面

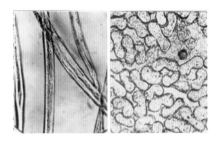
图 2-11　腈纶纤维的纵、横截面

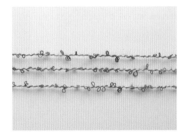
图 2-13　圈圈线

图 2-14　竹节纱在面料上应用

图 2-15　大肚纱

图 2-16　彩点纱

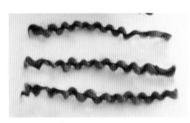
图 2-17　螺旋线

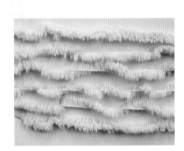
图 2-18　雪尼尔线

图 2-19　羽毛纱

图 2-20　蝴蝶纱

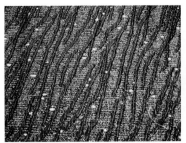
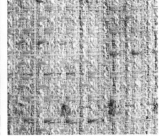

图 2-21　花式纱线在面料上应用　　　　图 2-22　棉型面料

图 2-23　麻型面料　　　　图 2-24　毛型面料　　　　图 2-25　丝型面料

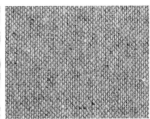

（a）染色织物　　　　（b）色织物　　　　（c）印花织物　　　　（d）色纺织物

图 2-26　各类织物

图 2-30　平纹织物　　　　图 2-31　斜纹织物交织示意图　　　　图 2-34　斜纹织物

图 2-37　缎纹面料

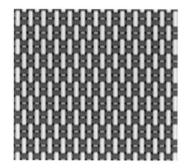

图 2-39　经重平织物

图 2-42　方平组织织物

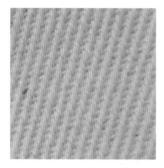

图 2-43　加强斜纹织物

图 2-44　山形斜纹织物

图 2-45　复合斜纹织物

图 2-46　破斜纹织物

图 2-47　条格组织织物

图 2-48　绉组织织物

图 2-49　蜂巢组织织物

图 2-50　纱罗组织织物

图 2-51　起绒组织织物

图 2-52　大提花组织织物

图 2-53　双层组织织物

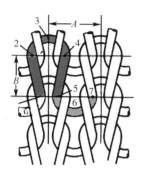

图 2-54　针织物线圈结构

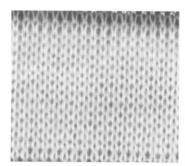

（a）正面

（b）反面

图 2-56　纬平针组织面料（正、反面）

图 2-58　罗纹组织面料

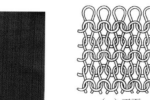

（a）正面

（b）反面

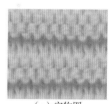

（c）实物图

图 2-59　双反面组织（1+1 正、反面）

图 2-60　双反面组织面料

图 2-61　双罗纹组织

图 2-62　双罗纹组织面料

图 2-68　扎染　　图 2-69　蜡染　　　　　　　　图 2-70　轧纹面料

图 2-71　磨毛整理仿麂皮面料　　图 2-72　起毛整理花式大衣呢　　　图 2-73　折皱整理

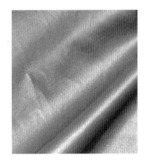  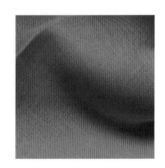

图 2-74　涂层面料　　　　图 2-75　涂层面料在服装上应用　　　图 4-1　平布

图 4-2　府绸　　　　　　　图 4-3　麻纱　　　　　　　图 4-4　泡泡纱

图 4-5　巴厘纱

图 4-6　牛津布

图 4-7　绉纱

图 4-8　斜纹布

图 4-9　卡其

图 4-10　牛仔布

图 4-11　贡缎

图 4-12　灯芯绒

图 4-13　夏布

图 4-14　苎麻织物

图 4-15　亚麻织物

图 4-16　涤麻混纺织物

图 4-17　电力纺

图 4-18　杭纺

图 4-19　涂层尼龙纺

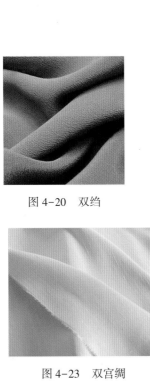

图 4-20　双绉

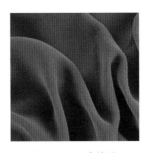

图 4-21　乔其纱

图 4-22　绵绸

图 4-23　双宫绸

图 4-24　素软缎

图 4-25　花软缎

图 4-26　塔夫绸

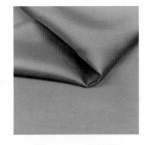

图 4-27　真丝绫

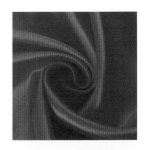

图 4-28　美丽绸

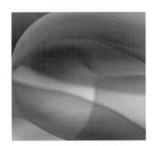

图 4-29　真丝绡

图 4-30　织锦缎

图 4-31　烂花乔其绒

图 4-32　金丝绒

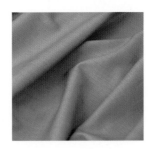

图 4-33　凡立丁

图 4-34　派力司

图 4-35　华达呢

图 4-36　哔叽

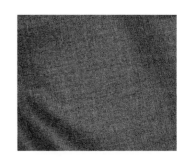

图 4-37　啥味呢

图 4-38　格子花呢

图 4-39　马裤呢

图 4-40　麦尔登

图 4-41　制服呢

图 4-42　立绒大衣呢

图 4-43　顺毛大衣呢

图 4-44　粗花呢

图 4-45　法兰绒

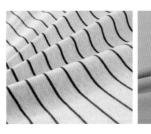

图 5-1　汗布

图 5-2　罗纹布

图 5-3　罗纹毛衫

图 5-4　双反面针织面料

图 5-5　双反面毛衫

图 5-6　棉毛布

图 5-7　珠地网眼

图 5-8　涤盖棉

图 5-9　毛圈布

图 5-10　天鹅绒

图 5-11　珊瑚绒

图 5-12　摇粒绒

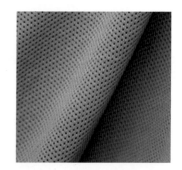

图 5-13　经编网眼织物

图 5-14　经编弹力织物

图 5-15　花边织物

图 5-16　经编提花织物

图 5-17　紫貂

图 5-18　水貂

图 5-19　石貂

图 5-20　黄鼠狼

图 5-21　水獭

图 5-22　狐狸

图 5-23　貉子

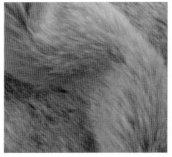
图 5-24　针织人造毛皮

图 5-26　黄牛革

图 5-27　水牛革

图 5-28　猪皮革

图 5-29　山羊皮

图 5-30　绵羊皮

图 5-31　合成革

图 5-32　人造麂皮

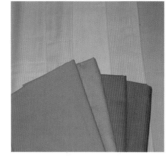

图 6-1　棉布类里料

图 6-2　丝绸类里料

图 6-3　化纤类里料

图 6-4　混纺交织类里料

图 6-5　黑炭衬

图 6-6　马尾衬

图 6-7　棉絮

图 6-8　丝绵

图 6-9　鸭绒

图 6-10　鹅绒

图 6-11　絮片

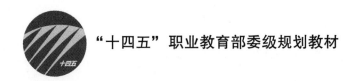
"十四五"职业教育部委级规划教材

服装材料与应用

董春燕　陈东生　编著

中国纺织出版社有限公司

内 容 提 要

本书介绍了服装材料类别、性能、风格等基础知识，并将服装材料与服装造型风格、成衣工艺、产品品质管理等结合，比较系统地介绍了常见面料品种及适用性，典型服装的面、辅料合理选择等应用型知识。同时，比较全面地介绍了毛皮和皮革的种类、性能特点，服装衬料、里料、絮料、垫料和扣紧材料等服装辅料的种类、性能和选用方法，服装材料性能与评价，各种服装面料的鉴别与材料保养等内容。本书突出应用，力求简洁，图文并茂，针对性和直观性强。

本书针对高等职业教育服装院校服装类专业编写，也可供普通高等教育相关专业选用，以及用作服装企业技术人员、设计人员的参考和培训教材，对广大服装消费者也有一定参考价值。

图书在版编目（CIP）数据

服装材料与应用 / 董春燕，陈东生编著 . --北京：中国纺织出版社有限公司，2023.7
"十四五"职业教育部委级规划教材
ISBN 978-7-5229-0540-2

Ⅰ. ①服… Ⅱ. ①董… ②陈… Ⅲ. ①服装－材料－职业教育－教材 Ⅳ. ①TS941.15

中国国家版本馆 CIP 数据核字（2023）第 072669 号

责任编辑：宗 静　　特约编辑：曹昌虹
责任校对：楼旭红　　责任印制：王艳丽

中国纺织出版社有限公司出版发行
地址：北京市朝阳区百子湾东里 A407 号楼　邮政编码：100124
销售电话：010—67004422　传真：010—87155801
http://www.c-textilep.com
中国纺织出版社天猫旗舰店
官方微博 http://weibo.com/2119887771
北京通天印刷有限责任公司印刷　各地新华书店经销
2023 年 7 月第 1 版第 1 次印刷
开本：787×1092　1/16　印张：10.5　彩插：12 页
字数：208 千字　定价：59.80 元

服装材料作为服装三要素之一，其性能特点对服装设计、服装工艺等起着至关重要的作用，不仅影响服装的外观及风格，而且对服装色彩和造型表现具有一定的制约作用，是服装类相关专业学生必修的专业核心课程。

随着纺织服装产业和服装教育的迅速发展，对纺织服装从业人员的专业素质提出了更高的要求，服装院校专业教学也面临着新的标准和更全面的要求。服装设计者不仅要懂得服装设计与制作，还必须懂得服装材料的相关知识，掌握纺织服装材料的基础理论知识，并具备服装艺术的设计和应用能力。

本教材在设计体系和内容上进行了积极创新，教材内容结合专业知识和热点问题进行编写，力求与时代发展相吻合，尽力反映纺织服装行业发展现状。本教材内容上贯彻"以技能为中心"，按照高职院校的培养目标和企业岗位需求，突出以能力为本位，以培养服装专业技术应用型人才为主旨，具有较强的实用性。教材内容体现岗位职业技能，结合企业具体就业岗位，科学设计教学模式，优化教学内容，从而激发学生积极思维和探索，培养学生的实践动手能力和创新能力。具体分述如下：

（1）教学目标需求化。本教材以行业企业需求为目标制订计划，教学内容紧贴市场需求，紧密联系现代服装材料发展实际，动态更新新材料、新技术，将传统学科知识与产业实践应用能力相结合，强调教材的实用性、针对性。

（2）教学内容任务化。本教材内容选取首先考虑服装行业发展的需要和胜任企业岗位所需的知识、能力和素质。按照岗位工作任务，以能力为核心，实践为主线，制订与岗位相互匹配的岗位基础知识与创新能力，教学内容的安排与实施充分体现理论与实践一体化，教、学、做一体化。

（3）教学体系系列化。本教材充分利用现代教育技术手段，建设现有优质教学资源，开发了教学资源库、试题库等多种配套的在线资源。

本书由董春燕、陈东生担任主编，对全书进行了总撰、编写和定稿，陈娟芬、廖师琴担任副主编。

本书各章节分工如下：本书中项目一、项目二（任务一、任务二）、项目六、项目八由陈娟芬编写；项目二（任务三、任务四）由董春燕编写；项目七由董春燕、崔淼编写；项目三由周心怡编写；项目四、项目五由廖师琴编写。全文统稿、校对由董春燕、陈东生完成。

由于编者水平有限，加之编写时间仓促，书中疏漏和不足在所难免，恳请广大同仁和读者给予批评指正。

编著者

2022 年 10 月

教学内容及课时安排

章/课时	课程性质/课时	节	课程内容
项目一 （2 课时）	课程导论 （2 课时）		·绪论
		任务一	认识服装材料
		任务二	服装材料的重要性及发展趋势
项目二 （12 课时）	重点理论知识 （12 课时）		·服装材料基础知识
		任务一	服用纤维
		任务二	服用纱线
		任务三	织物组织结构
		任务四	服用织物染整
项目三 （16 课时）	实验教学 （16 课时）		·服装材料服用性能
		任务一	服装材料的外观
		任务二	服装材料的耐用性
		任务三	服装材料的舒适性
		任务四	服装性能的影响因素
项目四 （8 课时）	核心知识与应用 （18 课时）		·棉型、麻型、丝型、毛型面料及应用
		任务一	棉型面料主要品种及应用
		任务二	麻型面料主要品种及应用
		任务三	丝型面料主要品种及应用
		任务四	毛型面料主要品种及应用
项目五 （4 课时）			·针织面料、毛皮与皮革面料及应用
		任务一	针织面料主要品种及应用
		任务二	毛皮、皮革主要品种及应用
项目六 （2 课时）			·服装辅料
		任务	服装辅料及应用
项目七 （2 课时）			·典型服装面辅料选配
		任务一	正装面辅料选配
		任务二	内衣面辅料选配
		任务三	运动服装面辅料选配
项目八 （2 课时）			·服装的标识、洗涤与保养
		任务一	服装的标识
		任务二	服装的洗涤
		任务三	服装的熨烫、整理与保养

课程导论

项目一　绪论

课题名称：绪论

课题内容：1. 认识服装材料

　　　　　2. 服装材料的重要性及发展趋势

课题时间：2 课时

教学目标：1. 了解服装与服装材料的联系。

　　　　　2. 掌握服装材料的分类。

　　　　　3. 掌握服装材料的重要性。

　　　　　4. 了解服装材料发展趋势。

教学重点：服装材料分类，服装材料的重要性。

教学方式：1. 线上线下混合教学

　　　　　2. 讨论法

任务一 认识服装材料

无论从服装的三大要素来看，还是从消费者的要求来看，服装材料都起着重要的作用，下面让我们进入服装材料世界吧。

一、服装材料定义

服装材料的定义是建立在服装基础上，什么是服装？从狭义角度来讲，服装是指人们穿着的各种衣服；从广义角度来看，服装是指人体的着装状态，是指包裹在人体各部位或某部位的物品的总称。

服装材料是指构成服装的所有用料。

二、服装材料分类

（一）根据服装材料在服装中主次作用分类

1. 面料

面料是指构成服装的基本用料和主要用料，对服装的款式、色彩和功能起主要作用，一般指服装最外层的材料。

2. 辅料

辅料是指构成服装时除面料以外的所有用料，它起着辅助作用。辅料包括里料、衬料、垫料、填充材料、缝纫线、纽扣、拉链、钩环、尼龙搭扣、绳带、花边、标识和号型尺码带等。

（二）根据材质、品种分类

在日常生活中经常会按照材料的质地、品种对服装材料进行分类，比如我们经常说这件衬衫是棉的，这件上衣是毛的，这件大衣是裘皮的，那件上衣是皮革的，这件内衣是针织物等。根据材质和品种可将服装材料分为纺织制品、皮革制品以及其他制品，阐述如下：

1. 纺织制品

（1）纤维类：棉、麻、丝、毛、黏胶、涤纶、锦纶、腈纶、天丝等。

（2）纱线类：机织用纱、针织用纱、缝纫线。

（3）织物类：机织物（梭织物）、针织物、无纺布。

2. 皮革制品

（1）革皮类：兽皮、鱼皮、爬虫类皮及仿革皮类。

（2）毛皮类：裘皮类及仿裘皮类。

3. 其他制品

木质、贝壳、石材、橡胶、骨质制品等。

任务二 服装材料的重要性及发展趋势

一、服装材料重要性

服装具有实用和审美的双重功能,任何服装都是通过对材料选用、设计、裁剪、制作等工艺,达到穿着和展示的目的。

(一)服装设计与服装材料

对服装设计师而言,一件成功的服装设计作品,是款式、材料和工艺三方面的综合因素的成功。服装材料是服装最基本的物质基础,服装材料直接影响着服装设计。服装材料与服装设计之间有如下关系。

1. 服装材料是设计创意的载体

服装设计师根据特定的目标和用途进行设计构思,可能产生了很好的设计方案,但是,如果不能把握好适合的材料,则不能完美地实现设计意图。比如,轻薄透明的面料可采用多层、重叠、衬垫、翻边等设计形式;夏装注重面料的凉爽、吸湿、散湿和透气性能,要选择棉、麻、真丝等吸湿性能好、相对比较轻薄的面料;面料采用不同的后整理工艺,可使服装有不同的舒适感和装饰性。从某种意义上来说,设计师的设计水平受制于对材料的驾驭能力。设计师对于服装材料的运用有以下三种方法:

(1)材料应用型设计:材料应用型设计是指设计师运用特定的材料进行设计,该设计要求设计师熟悉常用材料的服用性能和工艺特点,能够在选择自由度不大的条件下设计出适应市场的服装。

(2)材料选用型设计:材料选用型设计是先进行服装设计,在服装设计后根据服装设计去选择材料,设计师对材料选择有较大的空间。在实际选择中,设计师在考虑产品成本和服装制作所用设备、工艺等因素的实际条件基础上,能合理选用材料,做到物尽其用,必须深入了解服装材料,发挥材料的特性与优点,才能使设计的服装无论在外观上还是在性能上,都达到所预期的效果。

(3)材料设计型设计:材料设计型设计是指设计师在设计服装时包括了对服装材料的设计。服装材料设计可分为两类,一类是材料设计,是根据设计目标从材质到外观,从色彩到图案,对材料提出特定的要求;另一类是服装材料再设计,即利用材料再设计手法,将现有的服装材料作为半成品,运用新的设计思路和工艺改变现有面料的外观风格,提高其品质和艺术效果,使面料本身具有的潜在美感得到最大限度发挥,比如在面料上加珠片、刺绣、金属线、花边、丝带等手法,不仅增加了面料的装饰效果,又能表现那种浪漫和雅致的格调,使原本平淡无奇的面料平添几分精致和优雅的艺术魅力。如今,材料再设计正与服装设计融为一体,材料处理手段和各种工艺形式层出不穷,运用服装材料再设计的组合,已成为服装设计的新突破,并成为提高服装产品附加值的一个重要手段。

2. 服装材料与服装工艺

对服装工艺师而言，在选择购买服装面料时首先要考虑用料的数量，用料多少与服装面料的幅宽有直接的联系。结构和工艺设计是对服装的内、外在结构及制作工序进行合理性设计，涉及具体的面、辅料的裁剪、缝制、熨烫，关系到服装的最终效果。因为不同材料所具有的特性决定和影响着结构和工艺设计的每一道工序，把握不好，则产生不了预期的设计效果，甚至出现无法弥补的错误。

（1）算料：选择面料时，既要注重面料的色泽、手感、质地和图案，也要考虑用量。因此在选购面料或核算成本时一定要算料。用料多少主要取决于服装款式、规格尺寸及材料幅宽、使用方向和布料缩水率等因素，与排料利用率也有很大的关系。款式越复杂，尺寸越大，用料越多。材料的幅宽一般为90~144cm，窄幅材料比宽幅材料利用率低，特别是蚕丝织物，比如杭罗、织锦缎等有的幅宽只有72cm，因此要掌握各类面料的幅宽范围，同时要分析是否适合直裁、横裁或斜裁，以便能正确算料和排料。

一般情况下，机织物面辅料用料计算用排料计算法，即按照排料来计算所设计款式服装的用料；针织物面料一般用克重计算法，在有样衣的前提下，根据样衣重量和面料的克重来推算所设计款服装的用料。

（2）裁剪：服装裁剪工艺是进入服装生产阶段的第一道工序，在成衣生产中占有很重要的地位，它是指将面料、里料、衬料和其他材料按照纸样要求裁剪成合格裁片。裁剪前要对面料进行预缩水、铺料、排料，裁剪后要对裁好的裁片作标记并进行分类编号，并对需要黏合的面、辅料等进行黏合。

不同的材料对裁剪有不同的要求，缩水率大的面料，裁剪前应先下水预缩，晾干后再裁剪；合成纤维材料用电动剪刀裁剪时要注意，电动剪刀摩擦发热会引起合成纤维局部熔融；弹性面料裁剪时，应平摊松弛，恢复其自然状态，裁剪时不可用力过大，以免引起面料的延伸。

（3）缝纫：缝制是服装制作中很重要的工序，是按照不同的材料、款式，采用合理的方法，将裁剪好的衣片缝合起来，组合成为服装。服装的缝制与外观有很大关系，缝制的方法也因织物纤维不同而有区别，具体体现在缝纫线、缝纫针与材料的匹配以及缝纫线张力适当。

（4）熨烫：为使服装在人体穿着后能保持平整、挺括、合体，除了通过结构设计进行收省、分割外，还可通过熨烫定型进行工艺处理。熨烫是利用设备使材料在一定的温度、湿度、压力条件下使服装（或材料）平整、定型的过程。在服装裁剪前、成衣生产中、成衣制成后及洗涤后都需经过熨烫达到去皱、定型。

（二）服装材料与消费者

对消费者而言，在选购服装时，对服装的评价和要求常从服装外观的审美性、穿着的安全舒适性、易打理性、耐用性、经济性、流行性等因素考虑，这些因素都是由服装材料的性能决定的。

二、服装材料发展趋势

当前国内外服装材料的发展趋势主要呈现出新素材、新工艺、新风格等特点，具体表现为：注重健康环保性、保健性和安全性；强调时尚性；突出功能性；审美要求提高；强调易护理性；突出轻薄化和要求面辅料配套化。

三、本课程学习内容和学习方法

服装材料学的研究内容主要是服装面料与辅料，具体是研究其组成、结构、性能和应用。在常用的服装材料中，绝大多数是织物，织物的加工过程为：纤维经过纺纱形成纱线，纱线经过织造形成织物（坯布），坯布经过染整成为成品织物。

从织物的加工过程可以看到，每一个因素都会影响成品的性能，比如同样采用棉花为原料，由于生产工艺不同，纱线的粗细不同，可以生产出轻薄的衬衫面料和厚实的风衣面料。因此，服装材料的研究内容有：

（1）研究服装材料所具有的各种性能，包括各种性能的意义、指标和测试方法。

（2）研究服装材料各种性能的成因，包括从原料品种到加工工艺等诸多方面。

（3）不同服装面料的正确识别。

（4）根据常用服装分类，合理正确选择服装材料。

学习服装材料的目的在于真正认识服装材料，掌握正确选择服装材料和合理运用服装材料的能力。要达到这一目的，必须在理论学习的基础上，搜集各类服装材料，了解品牌服装面料和纺织品的流行趋势，反复实践，在实际穿着、设计和制作的过程中，对理论进行理解和深化。

思考与练习

1. 为什么服装材料是构成服装的物质基础？
2. 试述服装材料的分类。
3. 试述服装材料发展趋势。
4. 运用服装材料在8K卡纸上设计一款服装或面料图案。
5. 根据服装的分类，调查各类服装的功能。

重点理论知识

项目二　服装材料基础知识

课题名称：服装材料基础知识

课题内容：1. 服用纤维

　　　　　　2. 服用纱线

　　　　　　3. 织物组织结构

　　　　　　4. 服用织物染整

课题时间：12课时

教学目标：1. 掌握服装用纤维原料的分类与结构特征及基本性能。

　　　　　　2. 使学生掌握常见纤维的常用鉴别方法。

　　　　　　3. 掌握纱线细度指标。

　　　　　　4. 掌握织物组织结构。

　　　　　　5. 熟悉织物染整加工方式。

教学重点：常见天然纤维的形态特征，常用纤维鉴别方法，纤维的主要服用性能，织物组织结构及织物染整。

教学方式：1. 讲授法

　　　　　　2. 讨论法

任务一　服用纤维

在选购夏季服装时，消费者经常强调要买棉的，会仔细看服装的吊牌或中缝的耐久性标签上写明的纤维成分或主要成分，说明了服装纤维在服装中有着举足轻重的作用。

一、服用纤维

（一）服用纤维的定义

服用纤维就在我们身边，如图 2-1 所示，棉花经过加工后形成棉纤维，可以成为衬衫面料的主要原料；如图 2-2 所示，经过加工后的麻纤维可以生产夏季服用很舒适的服装面料；如图 2-3 所示，经过加工后的蚕丝可以生产女士礼服面料；如图 2-4 所示，羊毛经过加工可生产保暖性极佳的羊毛衫和西装面料等。

图 2-1　棉花

图 2-2　麻

图 2-3　蚕茧

图 2-4　羊

纤维是指细度很细，直径一般几微米到几十微米，而长度比细度大百倍、千倍以上柔韧而纤细的物质，如肌肉、棉花、叶络、毛发等。在纤维中能够用于生产纺织制品的纤维才能称为纺织纤维，是各种纺织制品中最小可见的单元。在纺织纤维中作为生产服装用料的纺织纤维称为服用纤维。

（二）服用纤维的分类

服用纤维的种类很多，一般按其来源和纤维形态来进行分类。

1. 按纤维来源分类

（1）天然纤维。天然纤维是指凡在自然界中生长形成或与其他自然界物质共生在一起，直接可用于纺织加工的纤维，比如棉、麻、蚕丝、毛等。天然纤维可分为植物纤维（纤维素纤维）、动物纤维（蛋白质纤维）和矿物纤维。

（2）化学纤维。化学纤维以天然或合成的高分子物质为原料，经化学制造和机械加工而得到的纤维称为化学纤维，简称化纤。化学纤维根据来源不同可分为人造纤维、合成纤维和无机纤维，如黏胶、涤纶等。

①人造纤维：是指以天然高分子物质为原料，如木材、棉短绒、花生、大豆、酪素等，经化学处理与机械加工而制成的纤维。如黏胶、天丝、莫代尔。

②合成纤维：是指以简单化合物为原料（从石油、煤、天然气中提炼得到），经一系列繁复的化学反应合成的高聚物，再经化学处理与机械加工而制成的纤维。如涤纶、锦纶、腈纶、丙纶、氨纶等。

③无机纤维：是指以无机物为原料制成的纤维，如玻璃纤维、陶瓷纤维和金属纤维等。

服用纤维的分类，见表2-1。

表2-1　服用纤维分类表

天然纤维	植物纤维（天然纤维素纤维）	棉、木棉、亚麻、苎麻、大麻、罗布麻
	动物纤维（天然蛋白质纤维）	绵羊毛、山羊毛、马海毛、兔毛、骆驼毛、桑蚕丝、柞蚕丝、蓖麻蚕丝、木薯蚕丝
	矿物纤维	石棉
化学纤维	人造纤维（再生纤维）	黏胶纤维、铜氨纤维、醋酯纤维、天丝、莫代尔竹纤维、大豆纤维
	合成纤维	聚酯纤维（涤纶）、聚酰胺纤维（锦纶）、聚丙烯纤维（丙纶）、聚氨基甲酸酯纤维（氨纶）、聚乙烯醇纤维（维纶）、聚氯乙烯纤维（氯纶）、其他纤维（芳纶等）
	无机纤维	玻璃纤维、金属纤维

2. 按纤维形态分类

按照纤维的长短可分为长丝、短纤，其中长丝是化学纤维加工得到的连续丝条，不经过切断工序的，又可分为单丝和复丝；短纤维是化学纤维在纺丝加工中通过切断而加工成各种长度规格的短纤维；按照截面可分圆形和异性纤维；按照粗细可分为粗纤和细旦纤维等。

二、天然纤维

（一）植物纤维

1. 棉纤维

棉花产量高，可纺性强，服用性能优良，是当今纺织工业中的主要原料。世界主要产棉分布在尼罗河流域，以及中国、美国和印度等。

根据棉纤维的粗细、长短和强度，可分长绒棉、细绒棉和粗绒棉。

①长绒棉（又称海岛棉）：是一种细长、富有光泽、强力较高的棉纤维，主体长度为30~60mm。是棉纤维中品质最好的，可纺很细的纱，生产高档织物或特种工业用纱，为世界次要栽培品种。

②细绒棉（又称陆地棉）：产量较高，纤维长，品质好，主体长度为23~33mm。细绒棉是世界上的主要栽培品种，我国的种植量占棉田总面积的95%。

③粗绒棉（又称亚洲棉）：是中国利用较早的天然纤维之一，已有2000多年，纤维粗而短，主体长度在20mm左右。粗绒棉种植面积很少，基本作为种子源保留。

（1）棉纤维的形态特征。棉纤维纵向细而长呈扁平带状，具有天然转曲，正常成熟的纤维天然转曲较多。正常的棉纤维横截面呈不规则的腰圆形，有中腔，如图2-5所示。

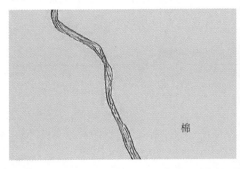

图2-5　棉纤维的横、纵截面

（2）棉纤维的服用性能。棉纤维由于具有天然转曲，纤维光泽暗淡，织物外观风格自然朴实，棉纤维染色性好，色泽鲜艳，色谱齐全，但色牢度不够好。棉纤维有良好的吸湿性，标准回潮率为7%~8%，穿着舒适。棉纤维细度小，棉织物手感柔软，保暖性较好，有温暖感，是理想的内衣面料。棉纤维耐热性和耐光性良好，但长时间曝晒会引起褪色和强力下降。棉织物弹性较差，容易产生折皱，且折痕不易回复。

无机酸对面料有水解作用。棉织物耐碱性较好，若用20%烧碱液处理，面料会剧烈收缩，断裂强度明显增加，并获得耐久的光泽，这就是常说的"丝光作用"。

微生物、真菌易使棉织物发霉、变质。

2. 麻纤维

麻纤维是最早被人类使用的纺织原料，种类很多，如苎麻、亚麻、罗布麻、黄麻、大麻、蕉麻等，其中以罗布麻最软，质量较好，但产量较少，而苎麻和亚麻在目前产量最大，使用最广。麻纤维多为粗细不匀、截面不规则，其纵向有横节纵纹。颜色为象牙色、棕黄和灰色，不易漂白染色，而且具有一定色差。织物经丝光整理后可具有真丝般光泽，经整理也可使粗糙的手感变得柔软和光滑。

（1）麻纤维的形态特征。

①苎麻纵向呈带状，无转曲，有中腔，两端封闭呈尖状，表面有竖纹及横节、裂节或纹节，截面结构横截面呈腰圆形或扁圆形，内有中腔，长度约为20~250mm，长度参差不齐。

②亚麻纵向呈带状，无转曲，有中腔，两端封闭呈尖状，表面有竖纹及横节、裂节或纹节，截面结构为横截面呈五角形或六角形，有中腔，长度较苎麻纤维短，平均为17~25mm。如图2-6所示。

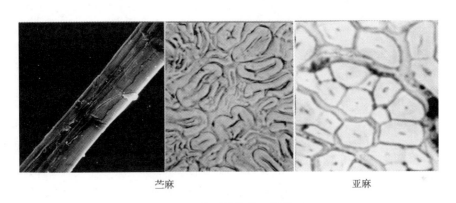

苎麻　　　　　　　　　　　　亚麻

图2-6　麻纤维的纵、横截面

（2）麻纤维的服用性能。麻纤维的光泽较好，有自然颜色，麻纤维的粗细差异大，长短不一，它纺成的纱线条干粗细不均匀，所以麻织物有粗细不均匀的外观，粗犷豪放，具有立体感。天然纤维中，麻的强度最高，因此各种麻布的质地均较结实耐用。麻纤维有良好的吸湿性，标准回潮率为12%~13%，吸湿快，放湿快，导热性优良。各种麻织物手感挺硬，穿着不贴身，夏季穿着凉爽。麻织物的染色性能好。原色麻坯布使麻布服装具有自然纯朴的美感。麻纤维弹性差，易起皱且不易消失，在与涤纶混纺或经防皱整理后可以得到改善。麻纤维耐腐蚀性好，不易霉烂、不虫蛀。在洗涤时使用冷水，不要刷洗，否则会有起毛现象。

（二）动物纤维

1. 毛纤维

毛纤维为天然蛋白质纤维，在服装材料中常用的毛纤维有绵羊毛、山羊绒、马海毛、兔毛等。服装面料中使用最多的是绵羊毛，在纺织上所说的羊毛狭义上专指绵羊毛。由于羊的品种、产地和羊毛生长部位等不同，品质有很大差异。澳大利亚、俄罗斯、新西兰、阿根廷、南非和中国都是世界上的主要产毛国，其中澳大利亚的美利奴羊是世界上品质最为优良的，也是产毛量最高的羊种。

（1）羊毛。

①羊毛纤维的形态特征。羊毛纤维的形态为纵向自然卷曲，纤维表面有鳞片覆盖，截面形态结构近似圆形或椭圆形，如图2-7所示。羊毛纤维长度为50~120mm。

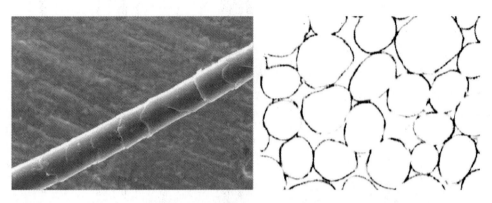

图2-7　羊毛纤维的纵、横截面

②羊毛的服用性能。羊毛纤维天然卷曲，导热系数小，保暖性能很好。羊毛纤维吸湿性能很强，标准回潮率15%~17%，在常见纺织纤维中最好。羊毛纤维弹性回复率高，抗皱能力强，挺括平整。羊毛纤维易于成型，可塑性好，具有很好的归拔性能。羊毛纤维染色性优良，色谱齐全，且色牢度好。羊毛纤维有独特缩绒性，缩绒性是指羊毛织物由于羊毛纤维表面细微鳞片覆盖，在湿、热及机械力的作用下发生的毡缩现象，在现实生活中羊毛衫洗涤后缩小其实就是羊毛缩绒性的体现。羊毛纤维不宜在太阳下暴晒，太阳光中紫外线对织物有破坏作用。羊毛纤维耐干热较差，湿态下耐热较好，因此熨烫时要垫湿布。

③羊毛纤维新发展。常用的羊毛是黄白色的纤维，彩色羊毛是指在生长时就具有色彩的羊毛。俄罗斯畜牧专家研究发现，给绵羊饲喂不同的微量金属元素，能够改变绵羊毛的毛色，如铁元素可使绵羊毛变成浅红色，铜元素可使羊毛变成浅蓝色等，目前他们已经研究出具有浅红色、浅蓝色、金黄色及浅灰色等奇异颜色的彩色绵羊毛。

长期以来，羊毛只能作秋冬季服装的原料，未能在夏季服装中发挥特长。据澳大利亚联邦科学和工业研究机构（CSIRO）研究证明，羊毛不仅具有通过吸收和散发水分来调节衣内空气湿度的性能，而且还具有适应周围空气的湿度调节水分含量的能力。

要发挥羊毛"凉爽"的特性，使羊毛也能成为夏季服装的流行宠儿，必须解决羊毛的轻薄化、防缩、洗可穿性及消除扎刺感等问题。表面改性羊毛满足了以上要求。表面改性羊毛是先进行羊毛的氯化处理，这不但消除了羊毛的缩绒性，而且使羊毛纤维变得更细，织物表面变得光滑，强力提高，且容易染色。这种羊毛经表面变性处理后，极大地提高了羊毛的应用价值和产品档次，用它织成的毛针织品具有丝光般的光泽、可洗性好，穿着舒适无扎刺感，染色和印花更鲜艳，比如可机洗羊毛衫、丝光羊毛衫就是其应用的例子。

（2）马海毛。马海毛又称安哥拉山羊毛。马海毛纤维长度为120~150mm，比羊毛粗，色泽洁白光亮。纤维较少卷曲，弹性足、强度高，不易收缩也难毡缩。

（3）兔毛。纺织用兔毛来源于安哥拉兔和家兔。兔毛纤维表面平滑，蓬松易直，长度比羊毛短，纤维之间抱合力稍差，纺织用的兔毛颜色洁白如雪，光泽较亮，柔软蓬松，保暖性强。由于兔毛强度低，抱合力较差，不易单独纺纱。

2. 蚕丝

蚕丝是蚕吐丝而得到的天然蛋白质纤维，光滑柔软，富有光泽，穿着舒适，被称为纤维皇后。蚕丝最早产于中国，目前我国蚕丝产量仍居世界第一。蚕丝分为家蚕丝（桑蚕丝）和野蚕丝（如柞蚕丝）。

（1）蚕丝纤维的形态特征。蚕丝纤维是长丝，是天然纤维中唯一的长丝，其细度是天然纤维中最细的，纵向平直光滑，截面呈不规则的三角形或椭圆形，如图2-8所示。

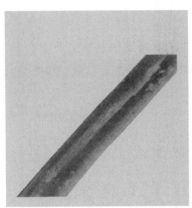

图2-8　蚕丝纤维的纵、横截面

（2）桑蚕丝的服用性能。桑蚕丝织物色白细腻，光泽柔和明亮，手感爽滑柔软，高雅华贵，为高级服装衣料。桑蚕丝吸湿性好，标准回潮率为8%～9%，夏季穿着舒适。桑蚕丝导热系数小，保暖性能好。桑蚕丝耐光性能差，在日光照射下易发黄变脆，强力下降。桑蚕丝耐稀酸不耐碱，故洗涤时一般不能用碱性肥皂、洗衣粉。

（3）柞蚕丝的服用性能。柞蚕丝织物色黄光暗，外观较粗糙，手感柔而不爽、略带涩滞，坚牢耐用，价格便宜，为中档服装及时装面料。柞蚕丝溅水干后有水渍。柞蚕丝的均匀度、光泽不如桑蚕丝，但吸湿性、强度和耐光性比桑蚕丝强。

三、化学纤维

（一）化学纤维制备

化学纤维的原料来源、分子组成、成品要求不同，制造方法也不同，但化学纤维的获得，都要经过纺丝液的制备、纺丝和后加工三个步骤。

1. 纺丝液的制备

这是将高分子提纯或聚合，制备适于纺丝的高分子材料（高聚物），并将其制成纺丝黏液的过程。人造纤维的原料是天然高分子物质，要进行化学纤维生产，必须对原料进行提纯，除去杂质，将纤维素从木材、棉短绒中分离出来，制成纯净的浆粕，也就是纺丝溶液。合成纤维则是以煤、石油、天然气等为原料制成单体，经聚合成高分子聚合物，再制成纺丝液。

2. 纺丝

纺丝是将成纤纺丝液从喷头的喷丝孔中压出，呈细丝流状，并在空气或适当介质中凝固成细丝的过程。

3. 后加工

纺丝后初生纤维强度低，伸长很大，没有实用价值，所以必须进行一系列后加工，制成各种性能、规格的纺丝纤维。短纤维后加工包括集束、拉伸、上油、热定型、卷曲和切断等工序。长丝后加工包括拉伸、加捻、热定型和络丝等工序。

（二）人造纤维

1. 黏胶纤维

黏胶纤维是以木材、棉短绒、芦苇等含天然纤维素的材料经化学加工而成。从形态上分为短纤维和长丝两种。黏胶短纤维按用途分有棉型（俗称人造棉）和毛型（俗称人造毛）。长丝俗称为人造丝，分为有光、无光和半无光三种。

（1）黏胶纤维的形态特征。黏胶纤维纵向平直，有沟槽；截面呈锯齿状，有皮芯结构、无中腔，如图2-9所示。

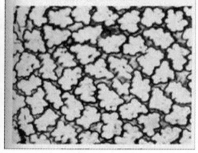

图2-9　黏胶纤维的纵、横截面

（2）黏胶纤维的服用性能。

①黏胶纤维吸湿性在化纤中最佳，标准回潮率为13%～15%，其穿着舒适性较好。

②黏胶织物手感柔软、染色性好，色泽艳丽。

③黏胶织物断裂强度较低，尤其是在湿态下，湿态强力仅为干态强力的50%左右，不适合机洗，洗涤耐穿性较差，价格低廉。

④黏胶织物弹性差，抗皱性较差，织物起皱后不易回复。

⑤黏胶织物耐热性较好，但水洗温度不宜过高。

⑥黏胶织物耐磨性不良，易起毛、破裂。

⑦黏胶纤维的化学性能与棉相似，较耐碱，而不耐酸，但耐碱和耐酸性均差于棉纤维织物。

2. 醋酯纤维

醋酯纤维比黏胶纤维轻，干强虽比黏胶纤维低，但湿强下降幅度没有黏胶纤维大，其吸湿性较差。醋酯长丝光泽优雅，手感柔软滑爽，有良好的悬垂性，酷似真丝，但强度不高。醋酯短纤用于与棉、毛或合成纤维混纺，织物易洗易干，不霉不蛀，富有弹性，不易起皱。

（三）合成纤维

合成纤维的原料为合成高分子，因此具有一些共同的特性，如强度大，不霉不蛀，吸湿性较差，易产生静电，易沾污等。普通合成纤维的横截面大多为圆形，纵向平直光滑。

1. 涤纶

涤纶属于聚酯纤维，是当前合成纤维中发展速度最快、产量最大、应用最广的化学纤维，其种类很多，一般可分长丝和短纤维两种。根据产品的外观和性能要求，通过不同的加工，涤纶可仿蚕丝、棉、麻、毛等纤维的手感与外观。

（1）涤纶的形态特征。涤纶纵向平直光滑，横截面为圆形，如图 2-10 所示。

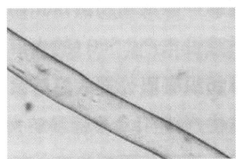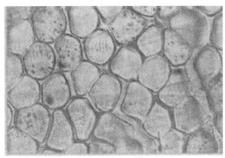

图 2-10　涤纶的纵、横截面

（2）涤纶的服用性能。

①涤纶强度高，耐穿耐用。

②涤纶织物耐磨性仅次于锦纶织物。

③涤纶织物弹性回复力强，挺括、不易折皱，保型性好。

④涤纶洗可穿性好，自然免烫。

⑤涤纶耐日光性好。

⑥涤纶耐热性和热稳定性好。

⑦涤纶耐腐蚀性好，不易虫蛀，不易发霉。

⑧涤纶吸湿导湿性差，标准回潮率只有 0.4% 左右，穿着有闷热感。

⑨涤纶染色困难，但色牢度好。

2. 锦纶

锦纶是聚酰胺的商品名，又称作"尼龙"，是合成纤维中工业化生产最早的品种。

（1）锦纶的形态特征。锦纶纵向平直光滑，横截面为圆形，与涤纶类似，如图 2-10 所示。

（2）锦纶的服用性能。

①锦纶在常见的纺织纤维中耐磨性最强。

②锦纶织物的挺括感、保型性和抗皱性不如涤纶织物。

③锦纶吸湿性较涤纶好，标准回潮率为 3.5%~5%。

④锦纶比重小，织物轻盈。

⑤锦纶耐腐蚀性好，不发霉，不腐烂，不虫蛀。

⑥锦纶耐热性不良。

⑦锦纶耐日光性差，不能在太阳下暴晒，否则强力下降。

⑧锦纶纤维易起毛、起球，静电大，易沾污。

3. 腈纶

腈纶学名为聚丙烯腈纤维，国外又称"开司米纶"，其织物手感丰满酷似羊毛，因而有"合成羊毛"之称。

（1）腈纶的形态特征。腈纶纤维纵向平滑或有 1~2 根沟槽，横截面为圆形或哑铃形，如图 2-11 所示。

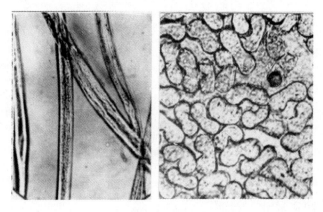

图 2-11　腈纶纤维的纵、横截面

（2）腈纶的服用性能。

①腈纶织物外观丰满，含气量大，手感蓬松、柔软。

②腈纶保暖性优于羊毛织物。

③腈纶织物质地轻。

④腈纶弹性回复率和抗皱性较好。

⑤腈纶织物强度比锦纶织物和涤纶织物低，但高于羊毛织物。

⑥腈纶在常见纺织纤维中耐晒性最好。

⑦腈纶化学稳定性较好，不虫蛀，不发霉，不腐烂。

⑧腈纶织物免烫性较好。

⑨腈纶织物吸湿性不如锦纶织物，标准回潮率为 1.2%~2%，静电较大，易吸附灰尘。

⑩腈纶织物耐磨性较差。

4. 氨纶

氨纶于 1945 年由美国杜邦公司开发成功，商品名为莱卡。氨纶具有高弹性、高回复性和尺寸稳定性，弹性伸长可达 6~8 倍，回复率为 100%，因此氨纶广泛用于弹力织物、运动服、袜子等产品。氨纶的优良性能还体现在良好的耐气候性和耐化学药品性，可以在寒冷、风雪、日晒情况下不失弹性；能抗霉、虫蛀，能适用绝大多数化学物质和洗涤剂，耐热性差。

由于氨纶的强力低，不可单独使用，能与任何其他人造纤维或天然纤维交织使用。它不改变织物的外观，是一种看不见的纤维，能极大改善织物的性能。

四、新型纤维

（一）绿色环保纤维

1. 彩色棉花

天然彩色棉花简称"彩棉"。它是利用现代生物工程技术选育出的一种吐絮时棉纤维就具有红、黄、绿、棕、灰、紫等天然色彩的棉花。天然彩色棉花是自然生长的、带有颜色的棉花统称，其颜色是棉纤维中腔细胞在分化和发育过程中色素物质沉积的结果。天然彩棉具有色泽自然柔和、古朴典雅、质地柔软、保暖透气等特点，是一种新型的纺织原料。我国天然彩棉产品目前多为深、浅不同的棕、绿两类颜色。彩棉的不足之处是其色彩给人一种朦朦胧胧的感觉，品种单一，制成的织物给人以陈旧暗淡的感觉。

2. 绿色有机棉

普通棉花在生长过程中会受到杀虫剂以及化肥的严重污染，这些对人体健康和生态环境有害的物质会残留在纤维中，成为潜在的健康危害。已经有实践证明，有的人会因为服装而产生过敏反应，甚至引发哮喘等疾病。为了免除这些危害，在棉花耕种过程中，可以用有机农家肥代替化肥，以生态方法防治病虫害，运用以上方法种植绿色生态棉为纺织服装业提供了新原料，受到了消费者的欢迎。

3. 罗布麻

罗布麻是天然野生植物，是一种韧皮纤维。罗布麻的主要产区在我国新疆维吾尔自治区。目前日本、韩国是最大的罗布麻消费地区。它除了吸湿性好、透气性好、透湿性好、强力高等优点外，还具有止咳、平喘和降血压的功能，对治疗冠心病、高血压也具有一定的功效，因而罗布麻织物具有神奇的药用价值，常用于制作服装、保健食品、床上用品。

4. 竹纤维

竹纤维的主要成分是纤维素，产品使用后可生物降解，符合环保要求，具有广阔的发展前景。

竹纤维的横截面布满许多大小不一的孔隙，可以在瞬间吸收大量的水分和透过大量的气体。这种特殊的结构使竹纤维织物不但具有良好的吸湿放湿性和透气性，穿着舒适凉爽，不贴身体，而且具有优良的染色性能。

此外，竹纤维还有天然的抗菌效果，适用于生产与人体肌肤直接接触的纺织面料，尤其作为家纺产品的毛巾类产品，可以与棉纤维、麻纤维及其他天然纤维混纺交织，制作 T 恤、女性高档时装、衬衫等。

5. 天丝（Tencel）与莱赛尔（Lyocell）

随着世界环保思潮的兴起，纺织纤维及其织物也向环保、健康、卫生、安全方面发展。全新的无污染人造天丝纤维或莱赛尔纤维是从木浆中的天然纤维素提炼出来的，被称为"绿色纤维"，以树木为原料，采用先进的闭合式溶液方法进行纺丝，因而生产中对环境无污染。该纤维织物吸水性强，能进行生物降解。

天丝与莱赛尔纤维的干、湿强度都很大，其干强接近聚酯纤维，因而其织物不易破损，耐用性好，吸湿性好，标准回潮率在 11.5% 左右。其织物具有丝绸般的光泽和良好的悬垂性，能与棉、毛、麻、腈纶、涤纶、锦纶等混纺或交织，开发出高附加值的机织、针织时装面料，可用于制作运动服、休闲服、牛仔等服装。

6. 大豆蛋白纤维

大豆蛋白纤维属于再生植物蛋白质纤维类，通过采用化学、生物化学的方法，从榨掉油脂的大豆渣中提取球状蛋白质，再经过添加功能性药剂，改变蛋白质空间结构，经湿法纺丝而成。

由于大豆蛋白纤维具有的分子结构特点使液态水传导快，具有优良的导湿性，超过涤纶、腈纶、棉纤维和丝纤维。大豆蛋白纤维织物手感柔软滑爽，酷似天然羊绒纤维织物，比棉纤维、丝纤维、毛纤维和其他纤维织物柔软舒适，且其悬垂性优于棉、毛、丝织物，还具有真丝织物一样柔和的光泽感。用大豆蛋白纤维纯纺或加入极少量氨纶织制的针织面料，手感柔软舒适，适于制作 T 恤、内衣、沙滩装、时装等。

7. 聚乳酸纤维

聚乳酸纤维是以玉米制得的乳酸为原料，经过纺丝加工制成的新型高分子纤维。聚乳酸纤维的体积密度比涤纶小，因此，其产品比较轻盈；回潮率虽然与涤纶接近，但具有芯吸效应，具有很好的导湿透气性，即良好的服用舒适性；断裂强度和断裂伸长率与涤纶接近，但模量小（与锦纶相近），属于高强、中伸、低模型纤维，织制成的织物强力高、延伸性好，手感柔软，悬垂性好，回弹性好，有较好的卷曲性和卷曲持久性；抗紫外线稳定性好；可以用分散性染料染色，对于染色、后加工或树脂加工等均非常容易，成型加工性好，热黏结温度可以控制；可燃性低、发烟量小，耐热性好，耐酸不耐碱，熔融温度较低。

8. 甲壳素纤维

甲壳素纤维含有羟基和氨基等亲水性基团，具有很好的吸湿性，其平衡回潮率可达 15%，织物吸湿性、染色性能优异，色泽鲜艳。甲壳素纤维细度粗，强度低，约为 1.75cN/dtex，断裂伸长率为 7.2% 左右。目前，甲壳素纤维进行纯纺还有一定困难，但甲壳素纤维与棉、毛及其他化学纤维等混纺可以改善其可纺性，赋予织物抗菌、消炎等保健功能，同时可提高织物的强度、抗折皱性、吸湿性等。

9. 牛奶蛋白纤维

牛奶蛋白纤维是以牛奶蛋白质与大分子有机化合物为原料，利用生物、化工、纺织新技术人工合成的一种全新纺织新材料。牛奶蛋白纤维既具有天然蚕丝的优良特性，又具有合成纤维的物化性能，它的出现满足了人们对穿着舒适性、美观性的追求，符合保健、健康的潮流。采用此种纤维生产的织物有以下特点：

（1）外观华丽。牛奶蛋白纤维面料具有真丝般的光泽。用高支纱织成的织物，纹路细腻、清晰，悬垂性极佳，是制作高档时装的理想面料。

（2）穿着舒适。牛奶蛋白纤维面料不但有优异的外视效果，更有穿着舒适性的特性。面料手感柔软、滑爽、质地轻薄，具有真丝与山羊绒混纺的品质，吸湿性与棉相当，导湿透气性优于棉。

（3）染色性能良好。牛奶蛋白纤维本色为淡黄色，似柞蚕色。它可用酸性染料、活性染料染色。尤其是采用活性染料染色，产品颜色艳丽，光泽鲜亮，同时其日晒、汗渍色牢度良好，与真丝产品相比解决了染色鲜艳与染色牢度之间的矛盾。

（4）物理性能良好。牛奶蛋白纤维的单纤断裂强度在 3cN/dtex 以上，比羊毛、棉、蚕丝纤维的强度都高，仅次于涤纶等高强度纤维，而纤度可达到 0.9dtex，可开发生产高支高密高档面料。

（5）具有优异的保健功能。牛奶蛋白纤维与人体皮肤亲和性好，含有多种人体所必需的氨基酸，有良好持久的保健作用。

（二）功能性纤维

1. 异形涤纶纤维

普通涤纶的截面为圆形，而截面形状为非圆形的化纤即为"异形纤维"。由于普通涤纶的最大缺点是吸湿性差，所以经改良出现了一些高吸湿涤纶纤维。例如，聚酯多孔中空截面纤维"WELLKEY"，微孔均匀分布在纤维的表面和中空部分，这些从表面通向中空部分的微孔通过毛细管作用吸收汗液，吸收的汗液通过中空部分扩散，并进一步从微孔蒸发到空气中去。例如，著名运动品牌耐克使用了 CoolDry 纤维面料，纤维截面为十字型，因其优良的毛细管导湿排汗功能，具有干爽、舒适的双重功效，美国杜邦公司生产的 Coolmax 和中国台湾中兴公司生产的 Coolplus 也是高吸湿快放湿的涤纶。

异形涤纶除能改善吸湿性能外，超细旦涤纶手感柔软，吸湿性提高，可用于夏季衬衫面料；三角形涤纶可用来生产涤纶仿真丝面料。

2. 纳米功能性纤维

纳米粒子的尺寸一般为 1~100nm，当材料的粒子尺寸减小到纳米级的某一尺寸（近似或小于某一物体的临界尺寸），材料的这一物性将发生突变，导致其性能与同组分的常规材料完全不同。纳米粒子的这种特殊结构，导致了纳米粒子具有表面效应和体积效应等多种效应，纳米材料因此具有了许多与常规材料不同的物理化学性质。

纳米功能性纤维制作原理是指在化纤聚合、熔融阶段或纺丝阶段加入功能性纳米材料粉体，以便生产出的化学纤维具有某些特殊的性能。该法的优点在于纳米粉体均匀地分散在纤维内部，因而耐久性好，其赋予织物的功能具有稳定性。

3. 新型聚酯纤维

（1）PBT。PBT纤维弹性好、上染率高、色牢度好，并具有普通聚酯纤维所具有的洗可穿、挺括、尺寸稳定、弹性优良等优良性能。

PBT制成的纤维具有聚酯纤维共有的一些性质，PBT纤维的熔点比普通聚酯纤维低，手感也比普通涤纶柔软。PBT纤维这些年在纺织弹性织物中得到广泛应用，如游泳衣、体操服、网球服、弹力牛仔服等，也可与其他纤维混纺，用于冬装或作填充料等。

（2）PTT。PTT俗称为弹性涤纶，PTT纤维兼有涤纶、锦纶、腈纶的特性，除防污性能好外，还易于染色、手感柔软、富有弹性、伸长性同氨纶纤维一样好，与弹性纤维氨纶相比更易于加工，非常适合纺织服装面料，除此以外，PTT还具有干爽、挺括等特点。PTT适应性比较广泛，适合纯纺或与纤维素纤维及天然纤维、合成纤维复合，生产地毯、便衣、时装、内衣、运动衣、泳装及袜子。

五、服装材料纤维鉴别

对于服装设计师来说，如果能够准确识别一块面料的成分，这关系到设计的成败和设计品质的问题。在如今新材料层出不穷的情况下，即使是一个十分有经验的设计师，面对浩如烟海的材料，也会感到很难把握。所以，除了要经常接触材料和新材料，了解它们的性能和特点以外，掌握准确识别材料的基本方法是必要的。常用鉴别纤维的方法有手感目测法、显微镜观察法、燃烧法、化学溶解法、熔点法和红外吸收光谱鉴别法。

（一）手感目测法

手感目测法，是根据面料纤维的外观形态、色泽、手感和强力等特点，通过人的感觉器官眼看、手摸来观察、感知纤维的长度、细度及其分布、卷曲、色泽及其含杂类型、刚柔性、弹性、冷暖感等方法，凭经验来初步判断出纤维种类。这种方法简便，不需要任何仪器，但需要鉴别人员有丰富的经验。常用纤维的手感目测比较，见表2-2。

表2-2　常见纤维外观特征

纤维名称	外观	手感	其他特征
纯棉	有杂质，光泽较朴素	手感柔软，弹性差，折痕不易恢复	纤维长短不一，为25～35mm
涤/棉	平整光洁，光泽较明亮	手感滑爽、挺括，弹性好，能短时间内恢复折痕	纤维长度较纯棉整齐
人造棉	平整，柔和明亮、色彩鲜艳	手感非常柔软，折痕不易恢复	湿后牢度下降，变厚发硬
纯毛精纺	呢面光洁平整、纹路清晰，光泽柔和、色彩纯正	手感滑糯、温暖，悬垂感好，富有弹性，折痕不明显，且恢复快	纱线多为双股
纯毛粗纺	厚实、丰满，不露底纹，光泽感与纯毛类类似	手感滑糯、温暖，富有弹性，折痕不明显，且恢复快	纱线多为单股

续表

纤维名称	外观	手感	其他特征
涤/毛混纺	平整、纹路清晰,光泽感不如纯毛	手感比纯毛和纯腈纶差,弹性优于羊毛	—
腈/毛混纺	面料毛感强	手感温暖,弹性好、糯性差、悬垂性较差	—
锦/毛混纺	平整、毛感差,外观有蜡样的光泽	手感硬挺,折痕明显,但能缓慢恢复	—
蚕丝	光泽柔和、色彩纯正	滑爽、柔软、轻薄富有弹性	悦耳的"丝鸣声"
黏胶丝	绸面光泽明亮不柔和	滑爽、柔软,手捏易折,且恢复差,飘逸感差	经、纬纱湿后极易扯断
涤纶长丝	光泽明亮但不柔和	滑爽平挺、柔软性差,弹性好,折痕不明显,悬垂感差	经、纬纱牢度强
锦纶长丝	光泽类似蜡样光,色彩不鲜艳	硬挺,质轻,折痕能缓慢恢复	经、纬纱牢度强
纯麻	织物表面条干不均匀,粗糙	手感硬挺,弹性较差,折痕不易恢复,强力大	撕裂时声音干脆

通过手感目测可知,在外观方面,天然纤维与化学纤维差异很大,而天然纤维中的不同品种差异也很大。因此,手感目测法是鉴别天然纤维与化学纤维以及天然纤维中棉、麻、丝、毛等不同品种的简便方法之一。

(二)显微镜观察法

借助显微镜观察纤维的纵向外形和截面形态特征,对照纤维的标准、显微照片和资料(表2-3),可以正确地区分天然纤维和化学纤维。这种方法适用于纯纺、混纺和交织产品。

表2-3 常见纤维纵横向形态

纤维名称	纵向形态特征	断面形态特征
棉	扁平带状,有天然转曲	腰圆形,有中腔
苎麻	有横节、竖纹	腰圆形,有中腔及裂缝
亚麻	有横节、竖纹	多角形,中腔较小
羊毛	表面有鳞片	圆形或接近圆形,有些有毛髓
兔毛	表面有鳞片	哑铃形
桑蚕丝	平直光滑	不规则的三角形或半椭圆形
柞蚕丝	平直光滑	相当扁平的三角形或半椭圆形
黏胶纤维	平直有细沟槽	锯齿形,有皮芯结构
富强纤维	平直光滑	较少齿形或接近圆形

续表

纤维名称	纵向形态特征	断面形态特征
醋酯纤维	有 1~2 根沟槽	不规则的带状
维纶	有 1~2 根沟槽	腰圆形
腈纶	平滑或有 1~2 根沟槽	圆形或哑铃形
氯纶	平滑或有 1~2 根沟槽	接近圆形
涤纶、锦纶、丙纶	平直光滑	圆形

(三) 燃烧法

燃烧法也是一种常用的原料鉴别方法，操作简便易行，无须复杂的工具设备。燃烧法多与感观法结合使用，以提高准确率。

1. 鉴别原理与影响因素

燃烧鉴别法是依据各种纺织纤维的燃烧现象和燃烧特征进行的，通过靠近火焰、燃烧速度、续燃情况、燃烧气味、灰烬状态等特征，可以推测出面料所含的原料成分。

纯纺面料与纯纺纱交织面料采用燃烧法鉴别时，燃烧现象十分明显，表现出"单一"原料的特征。而混纺面料和混纺纱交织面料燃烧时有不明显的"混合"现象特征，特别是多种纤维混纺或是某种纤维的含量很低时，准确判断其中的各个原料成分就会有相当的难度。因此，燃烧法比较适合于纯纺面料和纯纺纱交织面料，而混纺面料和混纺纱交织的面料具有两种或多种纤维的混合现象，若经验不丰富，有可能疏忽，所以要细致观察，注意每一个细节现象。可根据"混合"的燃烧现象，初步推测出其中的主要原料，而后再与感观法相结合做进一步的判断。机织物的经纬纱、不同类型的纱线都应分别燃烧。常见纤维的燃烧特征见表2-4。

表 2-4 常见纤维的燃烧特征

纤维类别	接近火焰	在火焰中	离开火焰后	灰烬特征	味道
棉、麻	不熔不缩	迅速燃烧	继续燃烧	灰白色的灰烬，手触成粉末状	烧纸味
蚕丝	缩而不熔	冒烟燃烧，并发出咝咝声	会自灭	松脆的黑色颗粒，手压易碎成粉末	烧毛发味
毛	缩而不熔	燃烧时有气泡产生	不易续燃	松而脆的黑色焦炭状，手压易碎，成较小颗状	烧毛发味
黏胶	立即燃烧	迅速燃烧	迅速燃烧	少量灰白色灰烬	烧纸味
醋酯	熔缩	缓慢燃烧，有深褐色胶状液体滴落	边熔边燃	呈硬而脆的不规则黑块，压碎成粉末	刺鼻的醋酸味
涤纶	迅速熔缩	熔融燃烧冒黑烟	能延燃，有时自灭	呈硬而黑的不规则状，可压碎	有特殊的刺鼻香味

续表

纤维类别	接近火焰	在火焰中	离开火焰后	灰烬特征	味道
锦纶	迅速熔缩	熔融燃烧，并有小气泡，有溶液	能延燃，有时自灭	呈坚硬的褐色透明圆珠状	难闻的氨基味或芹菜味
腈纶	收缩微熔	迅速燃烧，有发光火花	能继续燃烧	呈硬而脆的黑色不规则块状	辛辣味

2. 操作步骤

先准备织物一块，分别抽出几根经、纬纱，用镊子夹持一束纱线，先靠近火焰，看是否有卷缩和熔融现象，然后伸入火焰仔细观察燃烧情况及燃烧速度。片刻后，将试样离开火焰，观察能否继续燃烧，再将试样放入火焰中彻底燃烧，进一步观察火焰的颜色，以及有无光亮、冒烟。待燃烧完毕，闻一闻散发出的气味，观察燃烧后残留灰烬的颜色、形状，并用手感觉其质地。

（四）化学溶解法

化学溶解法是利用各种纤维在不同的化学溶剂中的溶解性能来鉴别纤维的方法。它适用于各种纺织纤维，特别是合成纤维，包括染色纤维或混合成分的纤维、纱线与织物。各种纤维在化学溶剂中的溶解情况，见表2-5。

表2-5　常见纤维溶解性能

纤维种类	化学溶剂（浓度、温度）								
	盐酸	硫酸	硫酸	氢氧化钠	甲酸	冰醋酸	间甲酚	二甲基甲酰胺	二甲苯
	37%	60%	98%	5%	85%	—	—	—	—
	24℃	24℃	24℃	煮沸	24℃	24℃	（浓，室温）	24℃	24℃
棉	I	I	S	I	I	I	I	I	I
麻	I	I	S	I	I	I	I	I	I
羊毛	I	I	I	S	I	I	I	I	I
蚕丝	S	S	I	S	I	I	I	I	I
黏胶纤维	S	S	S	I	I	I	I	I	I
醋酯纤维	S	S	S	P	S	S	S	S	I
涤纶	I	I	S	SS	I	I	S（加热）	S	I
锦纶	S	S	S	I	S	I	S	S	I
腈纶	I	I	S	I	I	I	I	S	I
维纶	S	S	S	I	S	I	S	S	I
丙纶	I	I	I	I	I	I	I	I	S
氯纶	I	I	I	I	I	I	I	I	I
氨纶	I	SS	S	I	I	I	P	S	S（40~50℃）	I

注　S为溶解，SS微溶，P为部分溶解，I为不溶。

（五）药品着色法

药品着色法根据不同纤维对某种着色剂呈色反应的不同来鉴别纤维。它适用于未染色纤维、纯纺纱线和纯纺织物。

（六）红外吸收光谱鉴别法

根据各种纤维对入射光线吸收率的不同，对可见的入射光线会显示出不同的颜色，对不可见的红外光和紫外光波段也有这种特性。利用仪器测定各种纤维对红外波段各种波长入射光线的吸收率，可得到红外吸收光谱图。当入射光线中的这种频率与被测纤维自振频率相同时，将会产生共振。这种检测法的优点是比较可靠，但要求有精密的仪器，故无法广泛应用。

（七）系统鉴别法

在实际鉴别中，有些材料使用单一方法较难鉴别，需将几种方法综合运用、综合分析，才能得到正确结论。一般鉴别程序：

（1）将未知纤维稍加整理，如果不属于弹性纤维，可采用燃烧试验法将纤维初步分为纤维素纤维、蛋白质纤维和合成纤维三大类。

（2）纤维素纤维和蛋白质纤维有各自不同的形态特征，用显微镜就可鉴别。

（3）合成纤维一般采用化学溶解试验法，即根据不同化学试剂在不同温度下的溶解特性。

任务二 服用纱线

纱线是由纤维经纺纱（纺丝）加工而成的，是构成服装面料的基本组成要素。纱线的形态结构和性能为创造千变万化的织物提供了可能，并在很大程度上决定了织物和服装的表面特征、风格和性能，如织物表面的光滑或粗糙、织物的保暖性、透气性、柔软性、弹性和起毛起球性等方面。

一、纱线概念及细度指标

（一）纱线概念

纱线是纱和线的总称，是由纤维或长丝的线形集合体组成的具有良好机械性能、可加工性以及视觉、触觉特性的连续纤维束。

1. 纱

纤维纺成单股或单根的称为纱或单纱。纱是由短纤维（长度不连续）沿轴向排列并经加捻纺制而成；或是由长丝（长度连续）加捻或不加捻并合而成的连续纤维束。

2. 线

两根或两根以上的单纱或股线并合加捻后称为线或股线。

（二）细度指标

广泛采用的表示纱线粗细的细度指标，是与截面积成比例的间接指标，包括线密度

（Tt）、公制支数、英制支数与纤度（旦）。

1. 定长制

定长制是指具有一定长度的纱线（或纤维）所具有的重量，它的数值越大，表示纱线越粗。

（1）线密度（Tt）。线密度是指1000m长度的纱线（或纤维）在公定回潮率时的重量克数。用公式表示为：

$$Nt = \frac{G_k}{L} \times 1000$$

式中：G_k——公定回潮率下的重量，g；

　　　L——长度，m。

$$G_k = G_0 \times (1 + W_k)$$

式中：W_k——公定回潮率；

　　　G_0——干重。

线密度一般用于纯棉纱线或棉型化纤及混纺纱线，其单位为特或 tex 。

（2）纤度（N）。纤度是指9000m长度的纱线（或纤维）在公定回潮率时的重量克数，单位为旦。用公式表示为：

$$N = \frac{G_k}{L} \times 9000$$

式中：G_k——公定回潮率下的重量，g；

　　　L——长度，m。

纤度一般用于天然和化纤长丝，其单位为旦。

2. 定重制

定重制是指具有一定重量的纱线（或纤维）所具有的长度，它的数值越大，表示纱线越细。

（1）公制支数（N_m）。公制支数是指在公定回潮率时，每克重的纱线（或纤维）所具有的长度米数。用公式表示为：

$$N_m = \frac{L}{G_k}$$

式中：G_k——公定回潮率下的重量，g；

　　　L——长度，m。

公制支数一般用来表示麻纱线及毛纱、毛型化纤纯纺、混纺纱线的粗细，其单位为公支或支。

（2）英制支数（N_e）。英制支数是指在公定回潮率时，每磅重的棉纱线所具有长度的840码的倍数，用公式表示为：

$$N_e = \frac{L}{G_k' \times 840}$$

式中：G_k'——英制公定回潮率下的重量，磅；

L——长度，码。

英制支数用于棉纱，其单位为英支。

3. 纱线细度指标之间换算

（1）特数与公制支数：

$$Tt \times N_m = 1000$$

（2）特数与旦数：

$$Tt = \frac{N_D}{9}$$

（3）特数与英制支数：

$$Tt = \frac{C}{N_e}$$

式中：C——换算常数，纯棉 $C = 583$，纯化纤 $C = 590.5$。

二、纱线的捻度和捻向

（一）捻度

纱线的物理机械性质是由纱线的原料性能和纱线的结构决定的。加捻是影响纱线结构的重要因素。通过加捻，可使纱线具有一定的强度、弹性、手感和光泽等。

捻度是指纱线沿轴向单位长度上的捻回数，是表示纱线加捻程度的指标。棉纱通常以10cm 内的捻回数表示；精纺毛纱通常以每米内捻回数表示。

（二）捻向

加捻纱中纤维的倾斜方向或加捻股线中单纱的倾斜方向称为加捻。捻向一般分为 Z 捻和 S 捻，如图 2-12 所示。

图 2-12　捻向示意图

加捻后纤维从下往上看，自右下向左上方倾斜的，称为 S 捻；加捻后纤维从下往上看，自左下向右上倾斜的，称为 Z 捻。加捻方向不同，对光线的反射不同，从而影响服装面料的光泽。

三、纱线的分类

（一）按原料组成分类

1. 纯纺纱线

纯纺纱线是指由一种纤维原料纺成的纱线。

2. 混纺纱线

混纺纱线是由两种或两种以上不同种类的纤维原料混合纺成的纱线。

混纺纱线的命名是根据原料混纺比例而定的。当混纺比例不同时，混纺比高的纤维名在先，混纺比低的纤维名在后，若含有稀有纤维，如山羊绒、兔毛、马海毛，不论比例高低，一律排在前。

3. 交捻纱线

交捻纱线由两种或两种以上不同纤维原料或不同色彩的单纱捻合而成的纱线。

4. 混纤纱线

混纤纱线是利用两种长丝合并成一根纱线，其目的是提高纱线某些方面的性能。

（二）按纤维长短分类

1. 短纤维纱线

短纤维纱线是指由短纤维经纺纱加工而成的纱线。

2. 长丝纱线

长丝纱线是指由一根或数根长丝加捻或不加捻并合在一起形成的纱线。

（三）按纱线粗细分类（短纤维纱线）

1. 粗特（低支）纱线

粗特纱线是指细度在 32tex 以上（18 英支以下）的纱线，较粗。

2. 中特（中支）纱线

中特纱线是指细度为 20~30tex（19~29 英支）的纱线，粗细中等。

3. 细特（高支）纱线

细特纱线是指细度为 9~19tex 以上（30~60 英支）的纱线，较细。

4. 特细特（特高支）纱线

特细特纱线是指细度为 9tex 以下（60 英支以上）的纱线，很细。

（四）按纱线形态结构分类

1. 普通纱线

普通纱线具有普通外观结构，截面分布规则，近似圆形，如单纱、缝纫线和单丝等。

2. 花式纱线

（1）花式纱线。花式纱线截面分布不规则，结构形态沿长度方向发生变化，有规则，也可有随机的。如圈圈线、竹节纱、大肚纱、彩点线和雪尼尔线等。

①圈圈纱：主要特征是饰纱围绕在芯纱上形成纱圈，如图 2-13 所示。

②竹节纱：具有粗细分布不匀的外观，如图 2-14 所示。

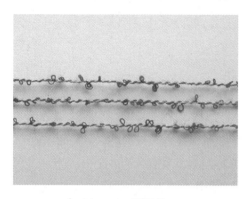

图 2-13　圈圈线

图 2-14　竹节纱在面料上应用

③大肚纱：其特征是两根交捻的纱线中夹入一小段断续的纱线或粗纱，如图 2-15 所示。

④彩点线：主要用于传统的粗纺花呢，其特征是纱上有单色或多色彩点，这些彩点长度短、体积小，如图 2-16 所示。

图 2-15　大肚纱

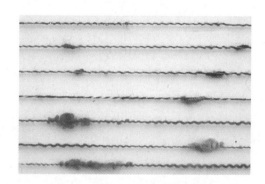

图 2-16　彩点纱

⑤螺旋线：由不同色彩、不同纤维、不同粗细、不同光泽的纱线捻合而成，如图 2-17 所示。

⑥雪尼尔线：纤维被握持在合股的芯线上，状如瓶刷，手感柔软，如图 2-18 所示。

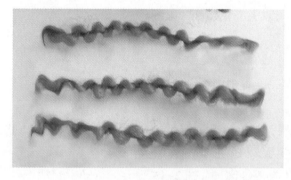

图 2-17　螺旋线

图 2-18　雪尼尔线

　　花式纱线的品种有很多，如图2-19、图2-20所示，由于花式纱线结构特殊，外形和颜色多变，给织物带来了多样而别具特色的外观效应，在各类面料中已经广泛应用，如图2-21所示。

图2-19　羽毛纱

图2-20　蝴蝶纱

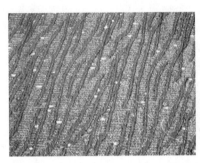
图2-21　花式纱线在面料上应用

　　（2）花色纱线。花色纱线是指纱线的色彩或色泽沿长度方向发生变化的纱线。一根纱线上呈现两种或两种以上色彩，这种色彩分布可以是有规则的，也可以是无规则的，如段染线、混色线等。

　　（3）包芯纱。包芯纱是以长丝或短纤维纱为纱芯，外包其他纤维一起加捻纺制而成的纱线。通常采用强度、弹性好的纱线做芯纱，使纱线性能更加完善，如涤棉包芯纱，涤纶为纱芯，外包棉纱，其织物具有棉织物的外观、手感、吸湿性和染色性，同时又具有涤纶强度高、弹性好和尺寸稳定的优点。例如，利用氨纶的高伸长、高弹性回复率的性能，以氨纶丝为芯纱的弹力包芯纱，广泛用于牛仔裤、针织服装，使人体穿着时伸缩自如，舒适合体。

　　3. 变形纱

　　变形纱也称变形丝，利用合成纤维受热塑化变形的特点，经机械和热的变形加工，使伸直的合成纤维长丝变为具有卷曲、螺旋、环圈等外观特征的长丝。变形纱常用类型有高弹丝、低弹丝、膨体纱等。

　　（1）高弹丝。高弹丝具有较高的伸长率和良好的伸长弹性，适用于弹性要求较高的紧身弹力衫裤、弹力袜等，一般以锦纶为原料。

　　（2）低弹丝。低弹丝是用高弹丝进行第二次热定型加工而成，具有适度的弹性和蓬松性，适用于弹性要求较低，但手感、外观和尺寸稳定性良好的针织和机织外衣面料，一般以涤纶为原料。

（3）膨体纱。膨体纱是由不同收缩率的纤维混纺成纱线，然后在蒸汽、热空气、沸水中处理，收缩高的纤维遇热收缩，把与之一起混纺的低收缩率的纤维拉成弯曲状，使整根纱线形成蓬松状外观结构，一般以腈纶为原料。

四、纱线对面料的影响

在评价服装面料时，其外观、手感、性能和成本等因素较为重要。视觉和触觉效果常常是面料的第一印象，而纱线对面料的外观和手感起着举足轻重的作用。

（一）纤维的长短与服装面料

纤维的长短对织物的外观、纱线质量以及织物手感等都有影响。短纤维纱线表面有茸毛，织制的面料具有良好的蓬松度、覆盖性和柔软度，手感温暖；但纱线均匀度不够好，面料不够光洁，光泽较弱。长丝纱线具有良好的强力和均匀度，具有清凉感，其面料光滑明亮、透明匀净。纤维越长，其纱线表面越光洁，面料也越平滑，且不易起毛、起球。有时为了追求面料的风格质感，会将长丝变形加工成变形纱，使其面料拥有蓬松性和覆盖力，从而获得短纤维的粗糙外观。

（二）纱线的细度与服装面料

纱线较细，可织制细腻、轻薄、紧密、光滑的面料，手感柔和，穿着舒适，适用于内衣、夏装、童装及高档衬衫等。若纱线较粗，面料的纹理较粗犷、清晰，质感也较厚重、丰满，保暖性、覆盖性和弹性比较好，更适用于秋冬外衣。

（三）纱线的捻度与服装面料

纱线捻度对服装面料的许多方面都有影响。捻度增大，纤维间抱合紧密，强力也随之增大，但越出临界值强力反而下降。捻度大的面料，手感硬挺爽快，不如低捻度面料柔软蓬松。在一定范围内，捻度增加，长丝面料光泽减弱，短纤维面料光泽增加。

（四）纱线的捻向与服装面料

纱线的捻向与服装面料的外观、手感有很大关系。利用经纬纱捻向和织物组织相配合，生产出组织点突出、清晰、光泽好、手感适中的面料。由于不同捻向纱线对光的反射明暗不同，利用不同捻向纱线的间隔排列，可使面料产生隐条、隐格效果。当S捻和Z捻纱线或捻度大小不同的纱线一起织制面料时，表面呈现波纹效果。利用强捻度及捻向的配合，可织制绉纹效果的面料，比如，丝织物中的双绉和绉缎。

（五）纱线的形态与服装面料

形态简单而一般的普通纱线，需经过组织设计、印染或特殊整理，方可使面料获得不同寻常的色彩效果与肌理质感；而形态结构特殊的花式纱线，其面料则直接拥有色彩变化和特殊肌理。因为纱线已具备这些因素，在面料的构成中则更具表现力，即使采用简单的组织结构，也会产生与众不同的效果。有趣的是，同一种花式纱线若采用不同的结构、密度、幅宽等，就会产生截然不同的外观和肌理，甚至产生意想不到的惊喜和难以预料的效果。

任务三　织物组织结构

织物是由纺织纤维和纱线按照一定方法制成的、柔软且有一定力学性能的片状物。织物按其制成方法可分为机织物、针织物、编织物和非织造物四大类。机织物是指由互相垂直的两组纱线（一组经纱和一组纬纱）在织机上按一定规律交织成的织物。针织物是指由一组或多组纱线在针织机上彼此成圈并相互串套连接而成的织物，包括针织布和成型衣物产品。非织造布又称"无纺织布""无纺布"，是指未经传统的织造工艺，由纤维层（定向或非定向铺置的纤网或纱线）构成，也可再结合其他纺织品或非纺织品，经机械或化学加工而成的织物。编结物是指纱线通过多种方法、包括用结节互相连接或钩织而成的制品。此外还有用于装饰的毡类及采用三个系统纱线互成一定角度织成的三向织物等。目前，以机织物和针织物应用最为广泛，产量最高，特别是在服装领域。本课题主要介绍机织物、针织物和非织造物。

一、织物分类及特点

（一）机织物的分类

1. 按纤维原料分类

机织物按纤维原料分类，一般可分为纯纺织物、混纺织物、交织物。

（1）纯纺织物。纯纺织物是指织物的经、纬纱线采用同一种纤维的纯纺纱线织成的织物，比如经、纬纱都为纯棉纱机织而成的织物。

（2）混纺织物。混纺织物是指由同一种混纺纱线交织而成的织物，比如经、纬纱都为涤棉混纺纱线机织而成的织物。

（3）交织物。交织物是指织物经纱和纬纱原料不同，或者经、纬纱中一组为长丝纱、一组为短纤维纱交织而成的织物，比如经纱是涤纶纱线，纬纱为棉纱交织而成的织物。

2. 按织物风格特征分类

按织物风格特征分类，可分为棉型织物、麻型织物、毛型织物、丝型织物和中长织物。

（1）棉型织物。棉型织物是指由棉纤维或棉型化学纤维纯纺或混纺交织而成的织物，如图 2-22 所示。其中棉型化学纤维是指与棉纤维的长度、细度接近，纤维细度为 1.3～1.7dtex、长度为 33～38mm 的化学纤维。

（2）麻型织物。麻型织物是指用天然麻纤维纯纺或混纺织成的织物，或以非麻原料织制的具有天然麻织物粗犷风格的织物，包括纯天然麻织物，如苎麻布、亚麻布等，天然麻混纺织物及非麻原料的仿麻织物，如图 2-23 所示。

（3）毛型织物。毛型织物是指毛纤维或毛型化学纤维纯纺或混纺交织而成的织物，如图 2-24 所示。其中毛型化学纤维是指与毛纤维的长度、细度接近，纤维细度为 3.3～5.5dtex、长度为 64～114mm 的化学纤维。

（4）丝型织物。丝型织物是指用蚕丝或化学长丝交织而成的织物，又称丝织物，具有天然丝绸的质感，包括蚕丝织物、人造丝织物及合成纤维长丝织物，如图2-25所示。

图2-22　棉型面料

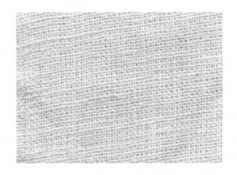

图2-23　麻型面料

图2-24　毛型面料

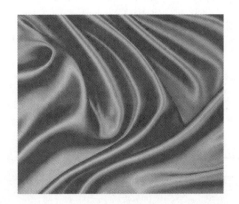

图2-25　丝型面料

（5）中长织物。中长织物是指用长度和细度介于棉和毛之间的中长化学纤维纯纺或混纺织制的织物。中长织物具有类似毛织物的风格，如涤/黏中长纤维织物、涤/腈中长织物等。

3. 按纱线结构分类

织物按纱线结构分类可分为纱织物、线织物和半线织物。纱织物是指经、纬纱线均采用单纱织成的织物；线织物是指经、纬纱线均采用股线织成的织物；半线织物是指经、纬向分别采用股线和单纱织成的织物，一般经纱为股线，纬纱为单纱。

4. 按纺纱工艺分类

织物按纺纱工艺不同可分为精梳织物、粗（普）梳织物、废纺织物等。

5. 按印染加工方法分类

织物按印染加工可分为原色布、漂白织物、染色织物、色织物、印花织物和色纺织物。原色织物是指未经印染加工而保持纤维原色的织物；漂白织物是以坯布经练漂加工后所获得的织物；染色织物是以坯布进行匹染加工，具有单一颜色的织物，如图2-26（a）所示；色织物是指全部或部分纱线经过染色后再织制而成的织物，如图2-26（b）所示；印花织物是指白坯布经过练漂加工后进行印花而获得的具有花纹图案、颜色在两种或两种以上的织物，如图 2-26（c）所示；色纺织物是先将部分纤维或纱条染色，再与其他纤维或纱条按一定比例混纺或混并所制成纱线所织成的织物，如图 2-26（d）所示。

（a）染色织物　　　　　　　　　（b）色织物

（c）印花织物　　　　　　　　　（d）色纺织物

图 2-26　各类织物

（二）针织物的特点及分类

1. 针织物的特点

（1）具有较大的弹性和伸缩性。一般针织物的弹性和伸缩性要大于机织物，这是由于针织物在编织过程中，线圈的套结排列使纱线间具有放大的空隙。当受到外力拉伸时，即产生较大的延伸性；当外力解除后，可迅速回复原状。针织物的这种优良的伸缩性，能够适应人体各部位伸展、弯曲的变化，使针织服装随顺人体，穿着既贴身，又能体现出体型美。

（2）具有较好的柔软性和舒适性。针织物编织所用纱线捻度一般要比机织物小，而且针织物的密度也要小于机织物，加上编织过程中，采用线套相互套结，无交织点，因此，针织物比机织物柔软性好，穿着舒适感强。

（3）具有良好的吸湿性和透气性。针织物是由线圈套结而成，有利于人体排除汗液和湿气，具有良好的吸湿性和透气性。

（4）尺寸稳定性较差。针织物不像机织物由经、纬纱交织面维持纵向和横向的稳定尺寸，而是由同一组纱线串套织成。当纵向拉伸时，横向尺寸就会收缩；横向拉伸时，纵向也会收缩，所以尺寸稳定性不如机织面料。

（5）坚牢度、耐磨性较差。针织物的断裂强力、顶破强力、耐磨性都不如机织物，同时，其密度又小，在穿着中，碰到尖硬物体，极易产生勾丝现象，影响服装的外观，严重的还会造成破损。针织物在穿着和洗涤过程中，不断受到摩擦，表面易起毛、起球，这在合成纤维针织面料中表现尤为明显。

近几年来，采用了热定型、树脂整理等方法，在不影响针织物透气性、弹性和手感的前提下，使针织物的缺点和不足得以明显改善，使之更适合不同服装面料的实际需要。

2. 针织物的分类

针织物是指用针织方法生产的可供加工服装裁剪用的坯布。由于可以应用各种原料在各种不同的针织设备上进行编织，所以服用针织物品种繁多，风格各异，适应性很强。一般按编织工艺、使用原料或用途进行分类。

（1）按编织工艺分类。针织物按编织工艺分，可分为纬编针织物和经编针织物。

①纬编针织物：指在纬编针织机上编织并进行过后整理加工的针织坯布，包括各种纬编单面织物和纬编双面织物。

②经编针织物：指在经编针织机上编织并进行过后整理加工的针织坯布，包括各种经编单面织物和经编双面织物。

（2）按使用原料分类。针织物按使用原料来分，可分为麻针织面料、涤纶针织面料、锦纶针织面料等。

①麻针织面料：主要是用苎麻和亚麻为原料。麻针织面料具有滑爽挺括、强力高、吸湿、散热快的优点，是夏季服装的理想面料。在针织面料生产中，大多用麻纤维与其他纤维的混纺纱编织，如苎涤纱、苎毛纱、苎腈纱等。

②涤纶针织面料：是用涤纶长丝或短纤维为原料。涤纶的强力、弹性、抗皱性和耐热性均好，可进行永久定型，易洗快干，有"洗可穿"之称。涤纶化学纤维因吸湿较差，不适宜制作贴身内衣，通常与天然纤维进行混纺或交织，制作各种外衣或作为装饰织物。

③锦纶针织面料：用锦纶长丝或短纤维为原料。锦纶的强力和保温性好，染色性好，耐磨性最优，也可进行永久性变形加工，适用运动装等。

另外，应用丙纶细旦或超细丝良好的芯吸效应和单向导湿透气性，可使人体运动后产生的汗液迅速被吸附，并沿纤维从织物里面向织物外表排出而被蒸发，因此，可在织物表面和人体皮肤之间形成一种微气候循环，促进空气流动，保持人体皮肤干燥，提高了服装的舒适性。由于丙纶是最轻的原料品种，所以丙纶针织面料也属于轻型面料之一。

目前，市场上流行超细丝、异形丝（利用特殊纺丝工艺纺出各种横截面形状）、特种功能丝（抗菌、防臭、防紫外线、耐腐蚀、耐辐射以及远红外纤维等），应用这些新型丙纶可以在各种类型针织机上编织成新型的针织面料。

（3）按用途分类。针织物按用途来分，可分为内衣针织面料和外衣针织面料。

①内衣针织面料：注重柔软、吸湿、透气、无静电、无刺激。内衣针织面料一般选择纯天然纤维或天然纤维和化学纤维混纺或交织，以满足人体的生理需要，如纯棉汗布和绒布、真丝汗布、棉毛布、毛圈针织布等。近来毛针织内衣也开始进入服装市场，并受到人们注意。

②外衣针织面料：对舒适性要求一般，但注重外观风格、突出挺括和悬垂感、耐磨和不易勾丝与起毛、起球。外衣针织面料应具有良好的尺寸稳定性，所以外衣针织面料的组织结构比较紧密，不易变形，如纬编的提花针织物、复合针织物、经编针织物、衬经衬纬针织物等。

（4）按加工方法分。针织物按加工方法分，可分为针织坯布和成形针织物。

（三）机织物的结构因素

1. 匹长和幅宽

匹长是指一匹织物两端最外边完整的纬纱之间的距离，一般以厘米（cm）为单位。幅宽是指织物沿宽度方向最外边的两根经纱间的距离，以厘米为单位，国际贸易中也有用英寸表示的，它是指物自然收缩后的实际宽度。为提高织物的产量和利用率，便于服装裁剪，织物正向宽幅方向发展。

2. 织物厚度

织物厚度是指织物在一定压力下，正反两面之间的距离，单位为毫米（mm）。影响织物厚度的主要因素有纱线细度、织物组织、纱线在织物中的屈曲程度和生产加工时的张力。织物厚度反映织物的厚薄程度，直接影响服装的风格、保暖性、透气性和耐用性等服用性能。根据不同季节、用途和服装款式的要求，可采用不同厚度的织物。织物的厚度分为薄型、中型和厚型三类，见表2-6。

表2-6 棉、毛、丝织物的厚度分类　　　　　　　　　　　单位：mm

织物类别	棉织物	毛织物		丝织物
		粗纺呢绒	精纺呢绒	
薄型	0.25以下	1.1以下	0.4以下	0.14以下
中型	0.25~0.4	1.1~1.6	0.4~0.6	0.14~0.28
厚型	0.4以上	1.6以上	0.6以上	0.28以上

3. 织物密度

织物密度是指织物经、纬向单位长度内排列的经、纬纱根数，可分为经向密度和纬向密度。

（1）经向密度。经向密度是指沿机织物纬向单位长度内所含的经纱根数，一般用经纱根数/10cm来表示，英制仍用每英寸所含经纱根数来表示。

（2）纬向密度。纬向密度是指沿机织物经向单位长度内所含的纬纱根数，一般用纬纱根数/10cm，英制用每英寸所含纬纱根数来表示。

4. 织物重量

织物重量是指干燥无浆织物单位面积所具有的重量，单位为克/平方米（g/m²）或盎司/平方码。它不仅影响服装的服用性能和加工性能，同时也是服装成本核算的主要依据。

织物的品种、用途、性能不同，对其重量的要求也不同，各类织物根据每平方米克重数可分为轻型、中型和厚型。一般轻型织物光洁轻薄，手感柔软滑爽，用于内衣及夏季服装；厚型织物保暖、坚实，适用于做冬季面料。一般棉织物的重量大致为 $70\sim250\mathrm{g/m^2}$，丝织物在 $70\sim250\mathrm{g/m^2}$，毛织物的重量分类见表 2-7。根据织物重量还可测算材料的消耗情况。

表 2-7　毛织物的重量分类　　　　　　　　　　　　单位：$\mathrm{g/m^2}$

织物类别	精纺呢绒	粗纺呢绒
薄型	180 以下	300 以下
中型	180~270	300~450
厚型	270 以上	450 以上

（四）针织物的结构量度

1. 线圈长度

针织物的线圈长度，是指每一个线圈的纱线长度，由线圈的圈干和延展线组成，一般用 L 表示，单位：毫米（mm）。

2. 密度

针织物的密度，用于表示一定纱支条件下针织物的稀密程度，是指针织物在单位长度内的线圈数，通常采用纵向密度和横向密度来表示。

（1）横向密度。横向密度是指沿线圈横列方向在规定长度（50mm）内的线圈数。

（2）纵向密度。纵向密度是指沿线圈纵行方向在规定长度（50mm）内的线圈数。

3. 单位面积的干燥重量

针织物单位面积的干燥重量，是指每平方米干燥针织物的克重数（$\mathrm{g/m^2}$）。它是考核针织物质量的重要物理、经济指标。

针织物单位面积的干燥重量可用称重法测量：在针织物上剪取 10cm×10cm 的布样，放入预热到 $105\sim110℃$ 的烘箱中，烘至恒重后在天平上称出样布的干重 Q'，针织物单位面积的干燥重量 Q 为：

$$Q = （Q'/10×10）×10000 = 100Q'（\mathrm{g/m^2}）$$

4. 幅宽

针织面料的幅宽，是指坯布横向（纬向）的宽度尺寸。圆筒形坯布以双层计算幅宽，针织面料的幅宽是以 2.5cm 为一档。

针织面料幅宽的测量：测量针织面料的幅宽应在平台上进行，测量时尺与布边呈垂直（用尺应精确到1mm），测量幅宽 3~5 处。若遇到幅宽差距较大的情况时，可适当增加幅宽测量次数，测的幅宽数字用算术平均值代表，不足 1mm 时以小数点四舍五入为整数。

（五）机织物外观特征识别

各种织物由于采用不同的原料、不同的织制方法及加工整理方法，而获得不同的布面外观特征，因此，在面料选用和缝制加工过程中均可依此为据鉴别判断。

1. 机织面料正反面的识别

（1）根据织物正反面不同外观效果判断。

平纹：正面光洁，疵点少，色泽较匀净。

斜纹：正面纹路清晰、光洁。

缎纹：正面光滑平整有光泽，反面织纹模糊。

（2）根据组织类判断。条格面料、凹凸织物、纱罗织物、印花织物的正面图案或纹路清晰；反面则模糊。

（3）根据毛绒结构判断。

单面绒：正面有绒毛；反面平整。

双面绒：正面绒毛光洁整齐；反面绒毛少。

（4）根据布边的特点判断。正面布边较平整、光洁；反面布边较粗糙。

（5）根据商标和印章判断。内销产品反面贴有成品说明书、检验印章、产品证明等；而外销产品与内销产品相反，商标和印章均贴在正面。

2. 面料经纬向鉴别

面料经、纬向的鉴别对服装生产十分重要，不仅影响服装加工和用料，而且也是款式设计与造型、色彩的基本保证。经、纬向判别常根据以下几种方法：

（1）根据布边判断。若面料有布边，则与布边平行的纱线方向是经向。

（2）根据密度判断。织物密度大的一般是经纱。

（3）根据捻度判断。织物经、纬纱捻度不同，捻度大的多为经向。

（4）根据组织结构判断。毛巾类织物起毛圈的纱线方向为经向；纱罗类织物有扭绞纱的方向为经向。

（5）根据纱线原料、结构特征判断。一般情况下，经纱细，纬纱粗；花式纱线一般用作纬纱；原料质量好的用于经纱，比如蚕丝与人造丝交织，蚕丝为经纱。

二、常用织物结构与特征

（一）机织物组织

1. 组织的基本概念

（1）织物组织。机织物是由两组相互垂直的经、纬纱，按一定规律在织机上相互交织而成。机织物中，沿织物长度方向配置的纱线称为经纱；沿织物宽度方向配置的纱线称为纬纱。机织物中经纱和纬纱的交错点，即经、纬纱相交处，称为组织点，凡经纱浮在纬纱上面的组织点称为经组织点；凡纬纱浮在经纱上面的组织点称为纬组织点。机织物中，经纱、纬纱相互交错或彼此沉浮的规律或形式称为织物组织。

（2）组织循环（完全组织）。织物经、纬纱线根数很多，织物组织用一个组织循环表示。当经组织点和纬组织点沉浮规律达到循环时，构成一个组织循环，或称为一个完全组织。一个组织循环所需经纱数称为组织循环经纱数，所需纬纱数称为组织循环纬纱数。

（3）组织图。用结构示意图的方法可以清楚直观地看出经、纬纱线交织的情况，但绘制不方便，特别是对于复杂的织物组织尤为烦琐，于是有了在方格纸上绘制织物组织的方法，表示织物中经、纬纱交织规律的图解称为组织图。纵行代表经纱，横行代表纬纱，经组织点应在相应的格子里填入符号或涂满颜色，如用■表示，纬组织点相应的格子是空白，用□表示。

（4）组织点飞数。机织物中同一系统相邻两根纱线上相对应的经（纬）组织点间相距的组织点数称为飞数。飞数可分为经向飞数和纬向飞数。经向飞数是指选择相邻的经纱，沿经纱方向计算，向上为正，向下为负；纬向飞数是选择相邻的纬纱，沿纬纱方向计算，向右为正，向左为负。如图2-27所示，如果求经向飞数，则AB、BC、CD、DE存在着经向飞数且经向飞数为2，如果求纬向飞数，则AD、DB、BE、EC存在着纬向飞数且纬向飞数为3。

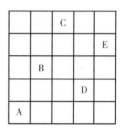

图2-27　飞数示意图

2. 织物组织的种类

织物组织可分为原组织、变化组织、联合组织和复杂组织。

（1）机织物的原组织。机织物的原组织又称为基本组织，是机织物组织的基础。原组织的特征是在一个组织循环中，每根经纱或纬纱上只有一个经（纬）组织点，其他均为纬（经）组织点，组织循环经纱数与组织循环纬纱数相等，飞数为常数。原组织包括平纹、斜纹和缎纹三种组织。

①平纹组织及其织物。平纹组织是原组织中最简单的一种，它的一个完全组织是由两根经纱和两根纬纱构成，经纱和纬纱两根一上一下相互交织而成，如图2-28所示。

平纹用$\dfrac{1}{1}$表示，读作一上一下。其分子1代表任何纱线上的经组织点个数；分母1代表任何纱线上的纬组织点个数；组织循环经纱数＝组织循环纬纱数＝分子+分母＝2，平纹组织图，如图2-29所示。

织物的正反面经、纬组织点各占50%，正反面具有相同的组织外观。同时，平纹组织的经、纬纱线每隔一根就交错一次，交织点最多，纱线屈曲最多，使织物坚固、耐磨、硬挺、平整，但弹性较小，光泽一般。

平纹组织在织物中应用最广泛，如图2-30所示。在棉织物中，平纹组织有府绸、细布、平布；毛织物中有凡立丁、派力司；丝织物中有电力纺、涤丝纺和塔夫绸等。

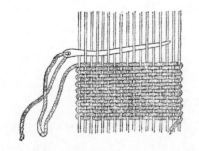

图2-28　织物交织示意图

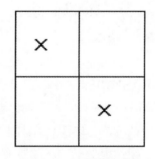

图2-29　平纹组织图

图2-30　平纹织物

②斜纹组织及其织物。斜纹组织是相邻经（纬）纱上的连续的经纬组织点构成斜线，使织物表面呈现由经（纬）浮长线形成的连续斜向纹路，根据倾斜方向不同可分为左斜纹和右斜纹。一个完全组织是由 3 根或 3 根以上经、纬纱线组成，如图 2-31 所示。

图 2-31　斜纹织物交织示意图

斜纹一般用分式表示，如 $\frac{1}{2}$↗或↖，读作一上二下右斜或左斜，其分式分子代表任何纱线上经组织点数，分母代表任何纱线上纬组织点数，组织循环经（纬）纱数等于分子加分母，左斜飞数为-1，右斜飞数为+1。一上二下右斜纹、二上一下左斜组织图如图 2-32、图 2-33 所示。

斜纹组织经、纬纱交织次数比平纹少，使经、纬纱间的空隙较小，纱线可以排列较密，从而使织物比较致密厚实，耐磨性、坚牢度不及平纹织物。

在棉型织物中，常见斜纹组织品种有卡其、斜纹布、牛仔布，如图 2-34 所示；毛织物中有哔叽、华达呢；丝织物中有真丝绫等。

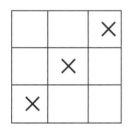

图 2-32　一上二下组织图

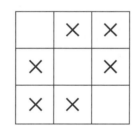

图 2-33　二上一下组织图

图 2-34　斜纹织物

③缎纹组织及其织物。缎纹在原组织中最为复杂，特点是相邻两根纱线上的单独组织点相距较远，即飞数大于1，但分布均匀、规则，缎纹组织的单独组织点在织物上被其两侧的经（或纬）浮长线所遮盖，表面都呈现经（或纬）浮长线，如图 2-35 所示。

缎纹组织用分式表示，比如 $\frac{5}{3}$ 经面缎，读作五枚三飞经面缎纹，分式中分子表示完全组织中的经纱数或纬纱数，分母表示经向飞数或纬向飞数，经面缎纹按经向飞数画组织图，纬面缎纹按纬向飞数画组织图。八枚五飞纬面缎纹组织图如图 2-36（a）所示，经面缎纹组织图如图 2-36（b）所示。

缎纹组织由于交织点相距较远，单独组织点为两侧浮长线所覆盖，浮长线长而且多，因此织物正反面有明显的差别。织物正面看不出交织点，平滑匀整，质地柔软，富有光泽，悬垂性较好，但耐磨性不良，易擦伤起毛。缎纹的组织循环纱线越大，织物表面纱线浮长越长，光泽越好，手感越柔软，但坚牢度越差。

在棉织物中，缎纹组织有直贡缎或横贡缎（贡缎）；毛织物中有贡呢和丝织物中素软缎、花软缎等，如图 2-37 所示面料就是缎纹组织面料。

图 2-35　八枚缎纹织物交织示意图

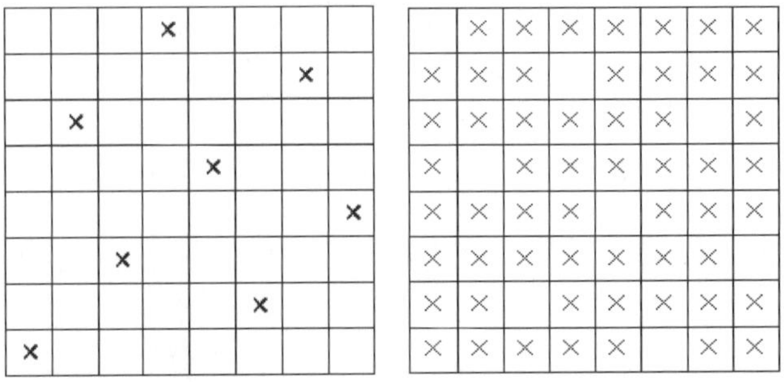

（a）八枚五飞纬面缎纹组织图　　（b）八枚五飞经面缎纹组织图

图 2-36　八枚五飞缎纹组织图

图 2-37　缎纹面料

（2）变化组织。

①平纹变化组织：是以平纹组织为基础，沿经、纬向一个方向或两个方向延长组织点，使组织循环扩大而形成的。常见平纹变化组织有经重平组织、纬重平组织、方平组织。

经重平组织，是由平纹组织沿经向延长组织点形成，如图 2-38、图 2-39 所示，织物表面呈现横凸条纹。

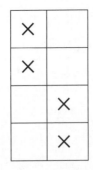

图 2-38　经重平组织图

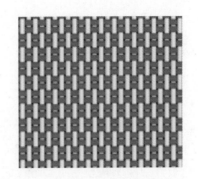

图 2-39　经重平织物

纬重平组织，是由平纹组织沿纬向延长组织点而形成，如图 2-40 所示。织物表面呈现纵凸条纹，常用作织物的布边组织，利用经、纬纱的粗细搭配可使凸条更加明显。

方平组织，是在平纹组织的经、纬两个方向同时延长组织点而形成的，如图 2-41 所示。这类织物表面有方格或十字形花纹，如图 2-42 所示。

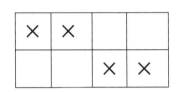

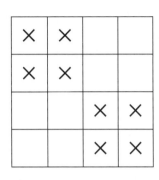

图 2-40　纬重平组织图　　　图 2-41　方平组织的组织图　　　图 2-42　方平组织织物

②斜纹变化组织：斜纹组织通过多种变化与组合，就可以得到斜纹变化组织，如改变斜纹方向、改变飞数等，常用斜纹变化组织有加强斜纹、山形斜纹、复合斜纹、破斜纹等。

加强斜纹，是在简单斜纹组织点旁沿经向或纬向增加组织点而形成的组织，如沿经向增加了组织点的二上二下加强斜纹，如图 2-43 所示。

山形斜纹，是改变斜纹的方向，一半呈右斜纹，另一半呈左斜纹，在织物表面形成山形图案，如图 2-44 所示。

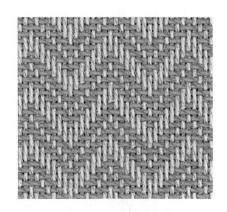

图 2-43　加强斜纹织物　　　　　　　　图 2-44　山形斜纹织物

复合斜纹，是指在一个完全组织中具有两条或两条以上不同宽度的斜纹线，如图 2-45 所示。

破斜纹，是指有左斜纹和右斜纹组合而成，在左、右斜纹交界处有一条明显的分界线，其两边的经、纬组织点相反，呈现不连续的"断界"效果，如图 2-46 所示。

图 2-45　复合斜纹织物

图 2-46　破斜纹织物

（3）联合组织、复杂组织。

联合组织、复杂组织都是在原组织、变化组织基础上变化而来的。常用的组织有条格组织、绉组织、蜂巢组织、纱罗组织、起绒组织、大提花组织、双层组织和起毛组织等。

①条格组织：是用两种或两种以上的组织并列配置而获得的组织，因组织外观不同，呈现出清晰的条纹或格子，如图 2-47 所示。

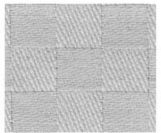

图 2-47　条格组织织物

②绉组织：以原组织或变化组织为基础，增减或调移原有组织点，形成织物表面分散且规律不明显的细小颗粒外观，形成绉纹效果，如树皮绉、绉纹呢，如图 2-48 所示。

③蜂巢组织：织物表面具有规则边的高、中、低的四方形或菱形凸凹状织纹，形如蜂巢，如图 2-49 所示。

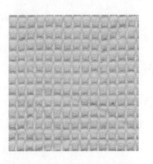

图 2-48　绉组织织物　　　　　图 2-49　蜂巢组织织物

④纱罗组织：由相互扭绞的经纱和纬纱交织而成。由于绞经纱左右扭绞一次在绞经处呈现较大空隙，形成结构稳定、分布均匀、清晰的孔眼，如图 2-50 所示。

⑤起绒组织：由一组经纱（或纬纱）与两组纬纱（或经纱）交织。其中一组纬纱（或经纱）与经纱（或纬纱）交织成地布，用于固结毛绒，另一组纬纱（或经纱）与经纱（或纬纱）交织，但其纬浮长线被覆盖于织物表面，通过割绒，将绒纬（经）割开，经整理后形成毛绒，如图 2-51 所示。

图 2-50　纱罗组织织物　　　　图 2-51　起绒组织织物

⑥大提花组织：是利用专门的提花机构，用不同色彩、不同原料的经、纬纱，以一个组织为地组织而使织物表面显示出花纹图案，如图 2-52 所示。

⑦双层组织：是指由两组或多组各自独立的经、纬纱线经交织，形成上、下两层的织物，如图 2-53 所示。

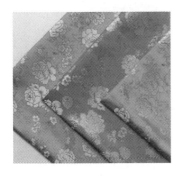　

图 2-52　大提花组织织物　　　　图 2-53　双层组织织物

（二）针织物组织结构

1. 针织物的基本结构

针织物是由线圈相互串套而成，其线圈结构如图 2-54 所示。线圈由圈干 1-2-3-4-5 和延展线 5-6-7 组成。圈干的直线部分 1-2 和 4-5 为圈柱，弧线部分 2-3-4 为针编弧，5-6-7 为沉降弧，由它连接相邻的两个线圈。

在针织物中，线圈在横向排列的一行，称为一个线圈横列，纵向串套的一列，称为一个线圈纵行。在线圈横列上两个相邻线圈对应点间的水平距离称为圈距。在线圈纵行上两个相邻线圈对应点间的垂直距离，称为圈高。针织物线圈的形式有正反面之分。

由线圈圈柱覆盖着圈弧的一面称作针织物的正面，反之则称为反面。由于圈柱对光线反射一致，因此，正面的光泽好些，反面则暗淡些。若线圈的圈柱或圈弧集中分布在针织物一面，称为单面针织物，其正反面外观区别较大。若线圈圈柱分布于针织物两面，称为双面针织物，其两面外观无明显区别。

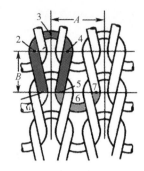

图2-54　针织物线圈结构

2. 针织物的组织

线圈是构成针织物的基本单元。针织物的组织就是指线圈的排列、组合与联结的方式，它决定着针织物的外观和性能。针织物组织一般可分为基本组织、变化组织和花色组织三大类。根据生产方式不同，又可分为纬编和经编两种形式。

基本组织，是由线圈以最简单的方式组合而成，如纬编针织物中的纬平针组织、罗纹组织和双反面组织，经编针织物中的经平组织、经缎组织和编链组织。

变化组织，是在一个基本组织的相邻线圈纵行间配置另一个或另几个基本组织的线圈纵行而成，如纬编针织物中的双罗纹组织，经编针织物中的经绒组织和经斜组织。

花色组织，是以基本组织或变化组织为基础，利用线圈结构的改变，或编入一些辅助纱线或编入其他纺织原料而成，如添纱、集圈、衬垫、毛围、提花、衬经组织及由上述组织组合的复合组织。

（1）纬编常用组织。

①纬平针组织：简称平针组织，是纬编针织物的基本组织之一，由连续的同一种单元线圈一个方向依次串套而成，如图2-55所示。纬平针组织的两面有不同的外观结构，织物的正面由线圈的圈柱呈纵向配置，形成纵向条纹，如图2-55（a）所示；反面则由线圈的圈弧横列排列，形成横向条纹，如图2-56（b）所示。纬平针组织面料（图2-56）正面比反面平滑、光洁和明亮。纬平针组织纵向和横向延伸性均较好，尤其是横向，但有严重的脱散性和卷边性，有时还会产生线圈歪斜。这种组织广泛用于内衣、T恤衫、运动衫、运动裤、袜子、手套、毛衫等。

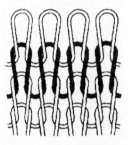

（a）正面

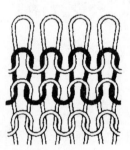

（b）反面

图2-55　纬平针组织

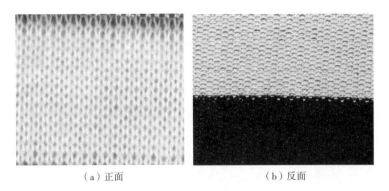

（a）正面　　　　　　　　　　（b）反面

图 2-56　纬平针组织面料（正、反面）

②罗纹组织：是纬编针织物基本组织之一，罗纹组织是由正面纵行和反面线圈纵行以一定的组合规律相间配置而成，如图 2-57 所示。罗纹组织的正反面线圈不在同一平面上，每一面的线圈纵行互相毗连。罗纹组织的种类很多，视正反面线圈纵行数的不同而异，通常用数字代表其正反面线圈纵行数的组合，如 1+1 罗纹、2+2 罗纹或者 5+3 罗纹等，可形成不同外观风格与性能的罗纹组织面料，如图 2-58 所示。罗纹组织横向具有较大的弹性和延伸性，顺编织方向不易脱散，也不卷边，因此常用于袖口、领口、裤口和下摆等部位，还常用于弹力衫、T 恤衫、弹力背心、运动衫、运动裤等。

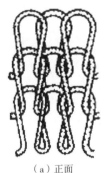
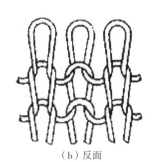

（a）正面　　　　　　　　　　（b）反面

图 2-57　罗纹组织

图 2-58　罗纹组织面料

③双反面组织：是纬编针织物的基本组织之一，由正面线圈横列和反面线圈横列按照一定的比例相间配置而成，如图 2-59 所示。在自然状态下，由于反面线圈横列力图向外凸出，从而使织物在纵向缩短，厚度增加，织物两面都呈现出圈弧状外观，故称为双反面组织，如图 2-60 所示。双反面组织的最大特点是纵向延伸性和弹性较大，适宜于制作头巾、装饰布和童装，也可以在羊毛衫、袜子和手套上形成各种花式效果。

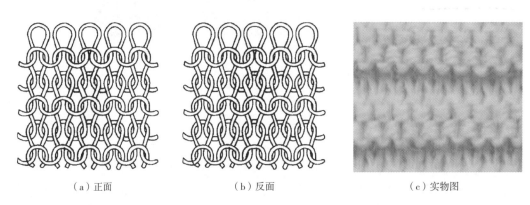

（a）正面   （b）反面   （c）实物图

图 2-59　双反面组织（1+1 正、反面）

④双罗纹组织：是纬编针织物变化组织的一种，由两个罗纹复合而成。由于一个罗纹组织的反面线圈纵行被另一个罗纹组织的正面线圈纵行所遮盖，因而，织物两面都呈现正面线圈，如图 2-61 所示。

双罗纹组织的针织物俗称棉毛布，如图 2-62 所示，具有厚实、柔软、保暖、无卷边的特点，并有一定弹性。双罗纹组织的延伸性和弹性都比罗纹组织小。而且当个别线圈断裂时，因受另一个罗纹组织线圈的阻碍，使脱散不易继续。由于其结构较稳定，挺括且悬垂，抗勾丝和抗起毛、起球性都较好，适合做外衣面料，多用于棉毛衫裤、运动衫裤等。

图 2-60　双反面组织面料   图 2-61　双罗纹组织   图 2-62　双罗纹组织面料

（2）经编常用组织。

①编链组织：经纱始终在一枚针上垫纱成圈形成的经编组织，逆编织方向脱散，纵向延伸性小，不易卷边，如图 2-63 所示。

②经平组织：经纱在相邻的两枚针上轮流垫纱成圈，串套而成的经编组织。线圈左右倾斜；可逆编织方向脱散，纱线断裂后织物可横向分离；纵向、横向延伸性中等，如图 2-64 所示。

③经缎组织：每根经纱顺序地在三枚或三枚以上相邻的织针上垫纱成圈，然后再顺序返回原位。卷边性与纬平针相似，逆编织方向脱散。经缎组织，如图 2-65 所示。

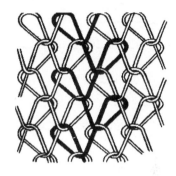

图 2-63　编链组织　　　　　图 2-64　经平组织　　　　　图 2-65　经缎组织

针织物的品种还有很多，在这里不一一详述，其组织及其特征总结如下，见表 2-8。

表 2-8　常见针织物组织及其特征

组织类别		组织定义及特征	应用
纬编针织物	集圈组织	集圈组织中，某些线圈除与旧线圈串套外，还挂有不封闭的悬弧。集圈组织分为单面和双面两种，单面集圈是在单面组织基础上织成的，具有色彩、花纹、凹凸、网眼和闪色等变化效果，不易脱散，但易勾丝，横向延伸性小	一般用于外衣、T恤、夏装、手套、袜子
	衬垫组织	衬垫组织是以一根或几根衬垫纱线按一定比例在织物的某些线圈上形成不封闭悬弧，在其余的线圈中呈浮线停留在织物反面。衬垫组织由于衬垫纱的存在，横向延伸性小。衬垫组织可以在任何组织基础上获得。可用于绒布，经拉毛整理，使衬垫纱线成为短绒状，附在织物表面，也可以用花式绒线做衬垫，增强外观效果	可用于内衣、外衣裤等
	毛圈组织	毛圈组织中，线圈由两根或两根以上的纱线组成。一根纱线形成地组织线圈，另一根或另几根纱线形成带有毛圈的线圈。毛圈由拉长了的沉降弧或延长线形成。按毛圈在针织物中的配置，分为素色毛圈与花色毛圈，单面毛圈与双面毛圈等	经剪毛等整理后可织成绒类织物，可用于睡衣、浴衣等
	添纱组织	添纱组织中，全部或部分线圈是由两根或两根以上纱线形成的，地纱线圈在反面，添纱线圈在正面。采用不同原料或色彩的纱线，可使织物正反面具有不同性能或外观	可用于作外衣面料
	提花组织	提花组织中，按照花纹要求，纱线垫放在相应的织针上，形成线圈。在不成圈处，纱线以浮线或延展线状留在织物反面。当采用各种颜色的纱线纺织时，不同颜色的线在针织物表面形成图案、花纹。由于存在浮线，织物横向延伸性减小，厚度增大，脱散性较小	适用于外衣面料和毛衫

组织类别		组织定义及特征	应用
经编针织物	经绒组织	经绒组织由经平组织变化而来，纱线在中间相隔一针的左右两枚织针上轮流编织成圈。经绒组织卷边性与经平组织相同，横向延伸性比经平组织小，脱散性小	广泛应用于内衣、外套、衬衫等

（三）非织造布

服装用织物除了前面所述机织物和针织物外，非织造布是相对比较重要的织物之一。

1. 非织造布的定义与生产方式

非织造布又称为无纺布，从整个产品系统来说是介于传统纺织品、塑料、纸张三者之间的新型材料。非织造布是指不经传统的纺纱、机织或针织所制成的织物，直接由纤维、纱线经机械或化学加工，使之黏合或结合而成的片状集合物。

非织造布的加工工艺有很多，如针刺法、水刺法、热黏合法、化学黏合法和纺黏法等，但它们的加工原理大都有成网（指把原料经过开松、混合和梳理之后制成网状）、纤网加固（指依靠外界的媒介作用使纤网被固着，从而具有一定的强力）和后整理（与传统织物类似）。

2. 非织造布的特点

非织造布具有以下特点：

（1）非织造布中的纤维大多是无序排列的，呈现一种多孔的结构构造，具有一定的透气性、过滤性和保温性，以及较强的吸水性和吸附性。

（2）工艺流程短，劳动生产率高，成本低。一般的非织造布生产，只需在一条连续生产线上进行，工艺流程短，有利于实现生产的连续化和自动化。

（3）非织造布采用的原料种类较多，除纺织纤维外，还包括传统纺织工艺难以使用的原料，如纺织下脚料、玻璃纤维、金属纤维、碳纤维等，可根据成品要求选用。

（4）非织造布的生产工艺灵活多样，决定了它的外观、结构、性能、用途的多元化。通过对纤维原料、成网方式、纤维网加固方式、后整理方法等进行适当选择与组合，就可得到变化万千的非织造布生产工艺，制造出各种各样的非织造布产品。薄型产品每平方米只有十几克，而厚型产品每平方米可达数千克，柔软的酷似丝绸，坚硬的可比木板。

3. 常见非织造布的产品

非织造布的基本结构主要有纤维网结构和纱线型缝编结构两种。

（1）针刺法非织造布。针刺法非织造布加工原理是纤维经开松、梳理成网后，在针刺机中用三角形横截面（或其他形状）且棱上带针钩的针，反复对纤维网穿刺，如图2-66所示。在针刺入纤维网时，针钩就带着一些纤维穿透纤维网，使纤维网中的纤维相互缠结而达到加固目的，从而形成具有一定强力和厚度的针刺法非织造材料。此方法应用非常广泛，在服装领域里可用于里衬、填料、肩垫、登山防寒服和合成革基布等。

（2）水刺法非织造布。水刺法又称射流喷网法，利用多个极细的高压水流对纤维网进行喷射水流，类似于针刺穿过纤维网，使纤维网中的纤维相互缠结，获得加固作用而具备一定的强力。水刺非织造布是非织造布中较晚发展起来的一个品种。水刺无纺布具有手感柔软、膨松、高吸湿性、纤维原料使用广泛等特点，是最适合做服装的一种无纺布，因此，对其在耐用服装方面的应用研究最多，同时也被广泛用于医疗卫生用品、合成革基布和防护服等（图2-67）。

图2-66　针刺法示意图

图2-67　非织造布在防护服上应用

（3）化学黏合法非织造布。化学黏合法非织造布，采用化学黏合剂的乳液或化学溶剂使纤维网中的纤维相互黏合，达到加固目的。化学黏合法是非织造布干法生产中应用历史最长、适用范围最广的一种纤维加固方法。随着许多无毒性、无副作用化学黏合剂应用，大大促进了化学黏合法非织造布的发展，其主要产品是喷胶棉。

（4）纺黏法非织造布。纺黏法非织造布，利用化纤纺丝原理，在聚合物纺丝过程中使连续长丝纤维铺成网，经机械、化学或热方法加固而成，它是化纤技术与非织造技术最紧密结合的成功典型。该产品具有强力高、品种多和工艺变化简单等优点，但手感和均匀度较差。纺黏法非织造布也是应用较广的产品之一，在鞋材、包装布、床上用品和土工布上都有广泛应用。

（5）熔喷法非织造布。熔喷法非织造布，是将挤压机挤出的高聚物熔体经过高速的热空气或其他手段（如离心力、静电力等），使高聚物受到极度拉伸而形成极细的短纤维，并凝聚形成纤网，最后通过自身黏合或热黏合加固而制成。熔喷法非织造布在服装领域主要用于保暖、用即弃、防护服和合成革基布等。

（6）热熔黏合法非织造布。热熔黏合法非织造布的加工原理就是利用合成纤维的热塑性，当合成纤维加热到一定温度时就会软化、熔融，发生黏性流动，在冷却时发生纤网加固现象。热熔黏合法非织造布主要都用于生产薄型卫生及医疗用品，还有一些絮片和海绵等产品。

（7）缝编法非织造布。缝编法非织造布是指利用经编线圈对纤网、纱线层、非织造材料或它们的组合体，进行类似缝纫加工进行加固，或类似针织生产形成线圈结构加固，以形成非织造布。缝编法非织造布在外观和特性上接近传统的机织物或针织物，而不像黏合法非织造布那种典型的纤维网外观结构。它广泛应用于服装布料和人造毛皮、衬绒等。

4. 非织造布在服装中应用

（1）非织造布衬。非织造布在服装领域应用最多的是非织造布衬。非织造布衬里包括一般衬里和黏合衬。用于服装的非织造布衬里，能赋予服装形状稳定性、保型性和挺括性。该种非织造布可采用多种方法制造，与传统的纺织品相比，非织造布具有轻便、易裁剪，布边整齐、光洁、高回弹性和生产标准化等特点。

（2）合成革基布。由于非织造布良好的透气性，广泛用作合成革基布。以超细纤维水刺非织造布为基布的仿鹿皮织物，因其透气、透湿性好，手感柔软，色泽鲜艳，绒毛丰满均匀，较之真皮具有可以水洗、防霉、防蛀等优点，在国外已大量取代真皮服装制品，成为时装设计师的新宠。

（3）保暖材料。非织造布保暖材料在御寒服装中应用非常广泛。非织造布保暖材料按加工方法及使用不同分为喷胶棉、热熔棉、超级仿羽绒棉、太空棉等产品，它们的蓬松度高达30%以上，空气含量高达40%～50%，重量一般为80～300g/m²，最重可至600g/m²。这类保暖材料基本上都是采用合成纤维（如涤纶、丙纶）通过梳理成网后，经黏合剂或热熔纤维将高度蓬松的纤维黏合在一起而成的保暖絮片，具有轻而暖、抗风性好的特点，大量使用于滑雪服、防寒大衣等。非织造布保暖絮片已广泛用于服装行业，代替了传统的棉絮、羽绒、丝绵、驼绒等制作棉服、冬大衣、滑雪衫等。

（4）非织造防护服。随着人们生活水平的提高，人类的自我保护意识加强，各类污染时刻威胁着人类的健康，应对各种危险环境的防护性能，成为当今防护服市场的新挑战。新型的防护服材料必须在具有防护性能的同时，仍具有较高要求的柔软性、悬垂性、透气性，有时还必须耐磨损或可以再次使用，甚至可以降解处理。与传统的纺织面料制作的防护服相比，各种不同生产工艺的非织造布之间相互渗透，经过混杂化、复合化，就可以创造出许多新型的、丰富多彩的产品。多种工艺的复合弥补了单一工艺的不足，从而满足不同环境下的不同需要，如采用针刺、纺黏及涂层工艺和耐高温的处理，可以防潮和隔热；纺黏法聚丙烯、水刺化学黏合和熔喷超细纤维，可以用来防御液体和气体；纺织纤维和金属纤维均匀混合制成的非织造布，可以有效控制静电现象；采用超声波黏合，闪蒸纺聚乙烯非织造布和聚丙烯的SMS非织造布，可以消除散逸的污染物和细菌。非织造布在防护服领域有着广泛的应用空间，可以制作成防燃服、防电磁波服、防化学服、防静电服、防菌尘服等。

（5）服装成衣。无纺布具有不容易散边和滑脱的特点，布边可直接参与设计，不需要对服装的缝边进行整烫和锁边，这一点区别于机织物和针织物。正是看好无纺布服装缝制工艺简单的优势，众多科研人员和企业勇于面对风险进行产品开发。近几年的研究焦点集中在如何提高无纺布的悬垂性、耐磨性、弹性以及弹力回复能力等性能，使其适合于耐用性服装面料的要求。

任务四　服用织物染整

服装面料是服装色彩和功能的物质基础，人们需要改善和提高服装面料服用性能与使用价值。比如，随着人们生活水平的提高，消费者希望内衣面料具有抗菌性能，羽绒服面料具有防水、防油和防污的功能，纯棉面料能够免烫等，这就要求我们要掌握服用织物的染整工序。

染整工序是将纺织纤维材料及其坯布加工、整理成成品布的工艺过程，其中包括印染前预处理、染色、印花和整理四道工序流程。

一、印染前预处理

印染前预处理是印染加工的准备工序，目的是在坯布受损很小的条件下，除去织物上的各类杂质，提高织物的洁白度、色泽、通透性以及染色牢度，使后续的染色、印花及后整理工序得以顺利进行。不同种类的织物，对前处理要求不一致，所经受的加工过程次序（工序）和工艺条件也不同，主要的前处理工序包括：烧毛、退浆、煮练、漂白、丝光、热定型等。

（一）烧毛

烧毛的目的在于去除织物表面上的绒毛，使布面光洁美观，并防止在染色、印花时因绒毛存在而产生染色不匀及印花疵病。合成纤维混纺织物烧毛可以避免或减少在服用过程中的起球现象。

织物烧毛是将平幅织物快速地通过火焰，或擦过赤热的金属表面，这时布面上存在的绒毛很快升温，并发生燃烧，而布身比较紧密，升温较慢。在未达到着火点时，即已离开了火焰或赤热的金属表面，从而达到既烧去绒毛，又不使织物损伤的目的。

（二）退浆

退浆是去除机织物经纱上浆料的过程，同时还能去除少量天然杂质，有利于以后的煮练及漂白加工，获得满意的染色效果。

（三）漂白

天然纤维上的固有色素会吸收一定波长的光，使其外观不够洁白，当染色或印花时，会影响色泽的鲜艳度。漂白的目的，就是去除纤维上的色素，赋予织物必要的和稳定的白度，而纤维本身则不遭受显著的损害。棉型织物除染黑色或深颜色以外，一般染色前均应漂白。合成纤维织物本身白度较高，但有时根据要求也可漂白。

（四）丝光

纱线或织物经浸渍浓烧碱液后，纤维发胀，再在张力状态下洗去碱液，从而获得耐久性的光泽，并提高染料的上染率和定型性能。此工序主要用于加工棉、麻纺织品。

二、染色

（一）概述

染色是通过染料和纺织纤维发生化学或物理作用的结合，使纤维、纱线、织物具有一定颜色，或在织物上生成不溶性有色物质的加工过程。染料在织物上应有一定的色牢度、耐洗性、耐晒性。不同纺织纤维需使用不同种类的染料，才能获得满意的染色效果。

1. 染色织物的质量要求

织物通过染色所得的颜色，应符合指定颜色的色泽、均匀度和染色牢度等要求。

（1）均匀度。均匀度是指染料在染色产品表面以及在纤维内部分布的均匀程度。

（2）染色牢度。染色牢度是指染色产品在使用过程中或以后的加工处理过程中，织物上的染料能经受各种外界因素的作用而保持其原来色泽的性能（或不褪色的能力）。

染色牢度根据染料在织物上所受外界因素作用的性质不同而分类，主要有耐洗色牢度、耐摩擦色牢度、耐日晒色牢度、耐汗渍色牢度、耐热压（熨烫）色牢度、耐干热（升华）色牢度、耐氯漂色牢度、耐气候色牢度、耐酸滴和碱滴色牢度、耐干洗色牢度、耐有机溶剂色牢度、耐海水色牢度、耐烟熏色牢度、耐唾液色牢度等。耐日晒色牢度分为八级，一级最差，八级最好。耐皂洗、耐摩擦、耐汗渍等色牢度都分为五级，一级最差，五级最好。

染色产品的用途不同，对染色牢度的要求也不一样。例如，夏季服装面料应具有较高的耐水洗及耐汗渍色牢度；婴幼儿服装应具有较高的耐唾液色牢度及耐汗渍色牢度。

2. 织物染色方法

织物染色方法主要分浸染和轧染两大类。

（1）浸染。浸染是将织物反复浸渍在染液中，使织物和染液不断相互接触，经过一定时间把织物染上颜色的染色方法。浸染通常用于小批量织物的染色，还用于散纤维和纱线的染色。

（2）轧染。轧染是先把织物浸渍染液，然后使织物通过轧辊的压力，轧去多余染液，同时，把染液均匀轧入织物内部组织空隙中，再经过汽蒸或热熔等固色处理的染色方法。轧染适用于大批量织物的染色。

（二）染料与颜料

1. 染料

染料是能将纤维或其他织物染成一定颜色的有色化合物，大多能溶于水，或在染色时通过一定化学试剂处理变成可溶状态。

染料根据其来源可分为天然染料和合成染料两种。在实际使用过程中，常根据染料的应用性能来分类，主要包括直接染料、活性染料（又称反应性染料）、还原染料、硫化染料、不溶性偶氮染料、酸性染料、酸性媒染染料、酸性含媒染料、阳离子染料（碱性染料）、分散染料等。

2. 颜料

颜料是不溶于水的有色物质，包括有机颜料和无机颜料两大类。颜料对纤维无亲和力或直接性，因此不能上染纤维，必须依靠黏合剂的作用将颜料机械地黏着在纤维制品的表面。颜料加黏合剂或添加其他助剂调制成的上色剂称为涂料色浆，在美术用品商店出售的织物手绘颜料即属此类。

用涂料色浆对织物进行着色的方法称涂料染色或涂料印花。涂料染色的牢度主要决定于黏合剂与纤维结合的牢度。随着黏合剂性能的不断提高，涂料染色与印花应用日趋广泛，因为颜料对纤维无选择性，适用于各种纤维，且色谱齐全，色泽鲜艳，工艺简单，无须水洗，污染少。

（三）常用染料性能特征

染料主要是从自然界的植物、动物及矿物质中提炼而得，化学染料则是以碳素分子为中心的化合物。根据染料的化学性质以及与纤维的关系，常用的染料有下列几种：

1. 直接染料

直接染料分子中含酸性水溶性基团，可不必通过其他媒染剂，而直接对纤维进行染色。其特点是色谱齐全，价格较低且应用简便，但色牢度稍差。其适用范围主要用于纤维素纤维织物、羊毛、蚕丝以及皮革制品。

2. 酸性染料

酸性染料分子中含酸性水溶性基团，但须在酸性或中性溶液中进行染色。其特点是色谱齐全，匀染性和色牢度较好，但对纤维素纤维织物一般无着色力。其适用范围为羊毛、蚕丝、锦纶、丙纶。

3. 活性染料

活性染料分子结构中含有较活泼的活性基团，其特点是色谱齐全，染色鲜艳，匀染性和色牢度好，并且成本低廉，但氯漂牢度较差。其适用范围为天然纤维类织物与大多数合成纤维织物。

4. 碱性染料

碱性染料即阳离子染料，分子结构中具有碱性基团，可溶于水。其特点是色谱齐全，色泽鲜艳。其主要用在腈纶、羊毛、蚕丝织物上。

5. 还原染料

还原染料不溶于水，染色时，用还原剂在碱性溶液中还原成可溶性的隐色体而染色。其特点是色谱齐全，且染色织物色泽鲜艳，染色均匀，色牢度好，耐晒。其适用范围主要用于纤维素纤维织物的染色和印花，也可用于维纶织物。

6. 硫化染料

硫化染料不溶于水，染色时必须先溶解于硫化钠溶液，再经氧化处理。其特点是工艺简便，价格便宜，色牢度较好，但色泽不鲜艳，色谱不齐全，缺少性能良好的红、紫色品种，最常用的是硫化元和硫化蓝等。其适用范围主要用于棉织物、麻类织物，也可用于维纶织物。

7. 分散染料

分散染料染色时，用分散剂将染料分散成极细颗粒，经高温作用，使染料渗透纤维。其特点是色泽和色牢度均好。其适用范围主要用于醋酯纤维、涤纶、锦纶、维纶等化纤织物。

8. 不溶性偶氮染料

不溶性偶氮染料是冰染和其他不溶于水的偶氮染料的总称，由耦合剂和显色剂所组成，色泽鲜艳，耐洗耐晒性好，但染色工艺复杂，染淡色时色泽不够丰满。其主要适用于纤维素纤维织物的染色与印花。

三、印花

用染料或颜料在纺织物上印出具有一定染色牢度的花纹图案的加工过程称为印花。印花与染色不同，染色是将染料均匀地染在纺织品上，得到单一色泽。而印花是在同一纺织品上印有一种或多种颜色的花纹图案，实际上是局部染色。染色是把染料配成染液，通过水作媒介而染在织物上。印花是借助浆料作染色介质，把染料或颜料配成印花色浆印于纺织品上，经过烘燥，再根据染料或颜料的性质进行蒸化、显色等后续处理，使之染着或固着在纤维上，最后经水洗，去除浮色和色浆中的涂料、化学药剂等。

（一）现代印花技术

1. 按印花工艺分类

（1）直接印花。直接印花是最简单的印花方式。将印花色浆直接印在白色或浅色的织物上，又名"罩印"。如果花纹间的空隙也用色浆作为"花纹"印上去，称为"满地印花"。直接印花工艺流程短，应用最广，一般只在正面印花，适宜白色或浅色纺织品，尤其是棉织物。

（2）拔染印花。在已经染有地色的纺织品上，用含有能清除地色的拔染剂色浆进行印花，从而在有色织物上显出图案的印花方法。其特点是织物两面都有花纹图案，正面清晰细致，地色丰满鲜艳，适宜在染色织物上印制较为细致的满地花纹，有花纹清晰、染色均匀的特点。

（3）防染印花。防染印花是在未经染色（或尚未显色，或染色后尚未固色）的织物上，印上含有能破坏或阻止地色染料上染（或显色，或固色）的化学药剂（防染剂）的印浆，局部防止染料上染（或显色）而获得花纹的印花方法。

2. 按印花设备分类

（1）转移印花。转移印花是先将用染料制成的花纹印到转移纸上，而后在一定条件下使转印纸上的染料转移到织物上去的印花方法。利用热量使染料从转印纸上升华而转移到织物上去的方法叫热转移法，用于涤纶等合成纤维织物。利用在一定温度、压力和溶剂的作用下，使染料从转印纸上剥离而转移到被印织物上去的方法叫湿转移法，一般用于棉织物。转移印花的图案花型逼真，艺术性强，工艺简单，特别是干法转移无须蒸化和水洗等后处理，节能无污染；缺点是纸张消耗量大，成本有所提高。

（2）滚筒印花。滚筒印花又称机器印花，按花纹的颜色分别在铜制的印花花筒上刻上所需花纹，并安装在滚筒印花机上。通过印制过程，从而将藏在花筒表面凹纹内的色浆转移到织物上去。滚筒印花特点是生产率较高，成本低，应用范围广，能适合各种花型；缺点是受单元花样及套色多少的限制，织物所承受张力较大，不适宜于易变形纤维（组织）织物。

（3）筛网印花。筛网印花是用筛网作为主要的印花工具，有花纹处呈镂空的网眼，无花纹处网眼被涂覆，印花时，色浆被刮过网眼而转移到织物上。筛网印花的特点是对单元花样大小及套色数限制较少，花纹色泽浓艳，印花时织物承受的张力小，因此，特别适合于易变形的针织物、丝绸、毛织物及化纤织物的印花，但其生产效率比较低，适宜于小批量、多品种的生产。根据筛网的形状，筛网印花可分为平版筛网印花和圆筒筛网印花。

（4）全彩色无版印花。全彩色无版印花是一种无须网版及应用计算机技术，进行图案处理和数字化控制的新型印花体系，工艺简单、灵活。全彩色无版印花有静电印刷术印花和油墨喷射印花两种。

随着计算机辅助性（CAD）技术的进步，喷墨印花在现代印花技术上有了快速的发展。利用计算机辅助系统快速产生分色图案，不需生产网版，而且具有快速改变图案的功能，调色完成后直接经喷嘴泵喷射至织物上，大大提高了生产效率，并降低了印花成本。

（二）传统印花技术

传统印花技术一般以手工印花为主，手工印染具有悠久的历史，我国古代将其统称为染颊。随着时代的发展，传统的印花技术也得到一定程度的创新和发展。近年来，由于受提倡绿色生态回归自然的趋势影响，以自然染料染色为主的传统印花技术再次受到人们的喜爱。

1. 镂空型版印花

镂空型版印花可分为镂空型版白浆防染靛蓝印花、镂空型版白浆防染色浆印花和镂空型版色浆直接印花。

（1）镂空型版白浆防染靛蓝印花，俗称"蓝印花布"。它的印染方法是将刻好放样的型版铺在白布上，将石灰浆和黄豆粉调成糊状防染剂，用刮浆板刮入花纹镂空处，漏印在布面上，待浆料干透，浸染靛蓝几次后，晾干后刮去防染浆层，即可显现蓝白相间的花纹。

"蓝印花布"是我国民间使用较为广泛的一种传统服装面料，不但能反映民俗、民族纹样特色，更具浓郁的乡土气息和朴素的艺术情调。

（2）镂空型版白浆防染色浆印花，与靛蓝印花不同的是，它的染色是以多套色为主，并且可以运用局部的刷染和浸染相结合来取得丰富多彩的效果。主要有深地淡色花样与淡地深色花样两大类。日本的和服面料多采用此种印染方法。

（3）镂空型版色浆直接印花，用防水的皮质板材或防水油纸板材镂刻成花版，使用色浆直接在镂空部位进行印花。

2. 扎染

古代扎染称为扎缬、绞缬，是我国传统的防染印花技术之一。扎染工艺是在面料上先按设计意图以针缝线扎的方法，染色时使其局部因机械防染作用而得不到染色，形成预期的花纹。扎染的制作方法很多，扎染法工艺设备简单，操作简便易学，纹样变化自由，晕色变幻莫测，如图2-68所示。

3. 蜡染

蜡染因用蜡作为防染剂而得名，也是我国古老的传统印花技术之一。蜡染用石蜡、蜂蜡、松香等作为防染剂，在棉布、丝绸等织物上需显现花纹的部位进行涂绘，再进行浸染或刷染，使织物无蜡部位染上颜色，然后在沸水或特定溶剂中除去蜡，使织物显出花纹。蜡染在染色过程中，由于涂蜡部位会产生自然的裂纹或有意折出的裂纹，染液渗入后会形成独特的冰裂纹效果，如图 2-69 所示。

蜡染的涂蜡方法主要有绘蜡、点蜡、泼蜡、凸版印蜡、型版刮蜡等。我国蜡染主要产区为西南少数民族地区。

图 2-68　扎染　　　　　　　　图 2-69　蜡染

4. 泼染

泼染是近年较为流行的手工印染方法之一。其方法是用酸性染料在丝绸面料上随意泼染或刷色，然后趁其未干时向画面上撒盐，借助盐与酸性染料的中和作用，在丝绸上形成自然流动的抽象纹样。这种纹样具有自然的色晕和朦胧感。泼染技术主要用于丝绸织物。

5. 手绘

手绘是直接用笔蘸取染液在织物上描绘花纹的一种印花方法，一般多用于丝绸。手绘用笔挥洒自由，不受工艺设备限制，方法简便。手绘的画法多样，色彩丰富，风格变化因人而异。手绘还可根据个人的不同喜好进行花纹设计，能较好地体现服装面料个性化的追求。

四、整理

整理一般为织物经染色或印花以后的加工过程，是通过物理、化学、物理与化学相结合的方法，采用一定的机械设备，旨在改善织物内在质量和外观，提高服用性能，或赋予其某种特殊功能的加工过程，是提高产品档次和附加值的重要手段。

（一）整理的目的

（1）改善织物手感，使织物更加柔软、丰满、挺括。

（2）改进织物外观，使织物的光泽度、鲜艳度得到提高，并对织物的悬垂性、飘逸感也有改善作用。

（3）加强织物尺寸的稳定性，通过预缩整理，降低织物缩水率，防止变形。

（4）提高服用性能，使织物的服用性能达到一定要求，以满足人体穿着或特殊需要，如保暖、吸湿、防水、阻燃、防蛀等。

（5）提升织物的附加值。织物的后整理受到纺织服装业越来越高的重视，因为在实物已经成坯布的情况下，通过各种传统和新型的后整理手段大大增加织物的经济和文化的附加值。

（二）常用整理工艺技术

1. 基本整理工艺

（1）拉幅。拉幅整理也称定幅整理，是利用纤维素、蚕丝、羊毛等纤维在潮湿条件下所具有的可塑性，将织物幅宽逐步拉阔至规定的尺寸并进行烘干处理，使织物形态得以稳定的工艺过程。

（2）预缩。预缩是用物理方法减少织物浸水后的收缩，降低织物缩水率的工艺过程。机械预缩是将织物先以喷蒸汽或喷雾给湿，再施以经向机械挤压，使经纱屈曲波高增大，然后经松式干燥处理。预缩后棉类织物缩水率可降低到1%以下，并由于纤维、纱线之间的相互挤压和搓动，在松弛状态下缓缓烘干，使织物经、纬向都发生收缩现象。

（3）树脂整理。树脂整理是利用树脂整理剂能够与纤维素分子中的羟基结合而形成共价键，或者沉积在纤维分子之间，从而限制了大分子间的相对滑动，提高织物的防皱性能。

织物经树脂整理后，其某些服用性能会发生改变，如棉类织物的抗皱性能与尺寸稳定性提高，但其强度和耐磨会明显下降。而黏胶纤维织物经树脂整理后，除抗皱性能增强外，其断裂强度也有所提高。

（4）热定型。热定型主要应用于涤纶、锦纶等热塑性合成纤维及其混纺织物。热塑性纤维（织物）在生产加工过程中，在湿、热、外力作用下，容易变形，经热定型处理后，可以有效防止织物收缩变形，提高尺寸稳定性。

2. 外观风格整理

（1）增白。增白是利用光的补色原理有效地提高织物白度，通常采用荧光增白剂对织物进行增白处理。荧光增白剂是一种近似无色的染料，对纤维具有一定的亲和力，其特点是在日光下能吸收紫外线而发放出明亮的蓝紫色荧光，与织物上反射出的黄色光混合成白光，因此在含有较多紫外线的光源照射下，荧光增白剂能提高织物的明亮度。

（2）轧光、电光、轧纹。轧光、电光或轧纹三者都属于增进和美化织物外观的整理。前两种以增进织物光泽为主，而后者则使织物被轧压出具有立体感的凹凸花纹和局部光泽效果。

①轧光整理：是利用棉纤维在湿、热条件下，具有一定的可塑性，织物在一定的温度、水分及机械压力下，纱线被压扁，竖立的绒毛被压伏在织物的表面，从而使织物表面变得平滑光洁，对光线的漫反射程度降低，从而增进了光泽。

②电光整理：是通过表面刻有密集细平行斜线的加热辊与软辊组成的轧点，使织物表面轧压后形成与主要纱线捻向一致的平行斜纹，对光线呈规则地反射，改善织物中纤维的不规则排列现象，给予织物如丝绸般柔和光泽的外观。

③轧纹整理：是利用刻有花纹的轧辊轧压织物，使其表面产生凹凸花纹效应和局部光泽效果。轧纹机由一只硬辊筒（铜制可加热）及一只软辊筒（纸粕）组成，硬辊筒上刻有阳纹的花纹，软辊筒为阴纹花纹，两者相互吻合。织物经轧纹机轧压后，即产生凹凸花纹，起到

美化织物的作用，如图 2-70 所示。

　　无论轧光、电光或轧纹整理，如单纯采用机械方法进行加工，其效果都不耐洗，如果与高分子树脂整理联合整理加工，则可获得耐久性的整理效果。

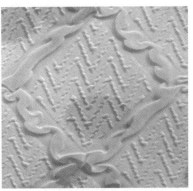

图 2-70　轧纹面料

　　（3）水洗、石磨洗、砂洗、酶洗。

　　①水洗：主要是对棉型织物的整理，因为纯棉、涤棉混纺织物具有一定的热塑性，它们经高温（约 70℃）水洗后，尺寸保持稳定，表面有自然泛旧效果，再经树脂工艺处理后，可加工成漂白布、色织布和印花布等。

　　②石磨洗：是利用浮石和热水使中、厚型服装或织物去掉一部分颜色的一种方法。此类方法常用于牛仔服中。经石磨洗后的牛仔服凹凸部位会有程度不同的脱色、变浅或轻微的波纹皱缩，具有一种仿旧的效果。

　　③砂洗：是用纯碱或磷酸钠或专用的砂洗剂对服装或织物进行洗涤，然后通过过酸处理来中和服装或织物的碱，并用阳离子表面活性剂进行柔软处理。经砂洗后，服装或织物色泽柔和自然，表面有茸毛，手感柔软、飘逸、滑爽，并富有弹性。

　　④酶洗：是利用生物酶来进行洗涤，使服装或织物表面具有与石磨同样的洗白仿旧效果，并且洗后手感柔软，表面光洁，重量下降 5%左右，强力也会有不同程度的下降。

　　（4）磨毛、起毛、剪毛。

　　①磨毛整理：是指用机械方式将织物表面磨出一层短而细密的绒毛的工艺过程。经磨毛整理后的织物具有厚实、柔软而温暖的优点，并改善织物的服用性能，如变形丝或高收缩的涤纶针织物经磨毛后，能加工成仿麂皮面料，如图 2-71 所示。

　　②起毛整理：主要用于粗纺毛织物、腈纶织物和棉织物等，用密集的针或刺将织物表层的纤维剔起，形成一层绒毛的过程，又称拉绒整理。织物在干燥状态起毛，绒毛较短而蓬松，湿态时由于纤维延伸度较大，表层纤维容易起毛，所以，毛织物喷湿后起毛可获得较长的绒毛，浸水后起毛则可得到波浪式的长绒毛。经起毛整理后的织物手感丰满、柔软，如图 2-72 所示。

③剪毛整理：是用剪毛机剪去织物表面不需要的茸毛的工艺过程。整理的目的是使织物表面光洁、平整，织纹清晰。一般毛织物、丝绒、人造毛皮等织物产品都需要经过剪毛工艺，将起毛和剪毛工艺结合，可提高织物的整理效果。

图 2-71　磨毛整理仿麂皮面料

图 2-72　起毛整理花式大衣呢

（5）折皱。折皱整理是指使织物形成形状各异且无规律的皱纹效果的工艺过程，主要适用于棉类织物、涤纶长丝织物。采用的方式主要有：一是用机械加压的方法使织物产生不规则的凹凸折皱效果，如手工折皱、绳状轧皱等；二是用揉搓起皱，如液流染色等；三是采用特殊起皱设备，形成特殊形状的折皱效果，如爪状和核桃状等，如图 2-73 所示。

（6）柔软、硬挺整理。

①柔软整理：织物在染整过程中，经各种化学助剂的湿、热处理并受到机械张力等作用，往往发生变

图 2-73　折皱整理

形，而且有粗糙和板结的手感。柔软整理是弥补这种缺陷，使织物手感柔软的加工过程。

②硬挺整理：是利用具有一定黏度的天然或合成的高分子物质制成的浆液，在织物上形成薄膜，从而使织物获得平滑、硬挺、厚实等外观效果，并可提高织物的强力和耐用性。硬挺整理的浆液主要用浆料和少量防腐剂配制。

3. 功能整理

（1）拒水整理。拒水整理是指用拒水整理剂处理织物，改变纤维表面性能，使纤维表面的亲水性转为疏水性的工艺过程。这种整理工艺常用来制作防雨衣。近年来，出现了能使织物具有既拒水又透湿双重功能的织物，透湿防水的织物也广泛应用于户外运动服装和旅游休闲服装。

（2）防污整理。涤纶、锦纶等合成纤维织物，大都吸湿性差而亲油性强，易产生静电现象，易吸附尘污。防污整理包括拒油整理和易去污整理两种。

①拒油整理：要求能对表面张力较小的油脂具有不润湿的特性。

②易去污整理：也称为亲水性防污整理，主要适用于合成纤维及其混纺织物的整理，不

能提高服装在穿着过程的防污性，但能使污垢变得容易脱落，增强织物的易洗涤性能。

（3）阻燃整理。阻燃整理就是对织物进行化学处理，使其遇火后不易燃烧或一燃即熄灭的过程。

（4）抗静电整理。合成纤维由于具有很强的疏水性，在干燥的空气中摩擦时会产生静电，主要是在衣服穿脱和运动时出现，如果静电现象严重时，会产生轻微的电击、发出放电声音和出现吸附灰尘等现象。因此，抗静电整理主要针对涤纶、腈纶等吸湿性和导电性较差的合成纤维织物。抗静电整理是利用具有防静电功能的表面活性剂或亲水性树脂处理织物表面，从而提高织物的导电性能，达到抗静电的目的。

（5）抗紫外线辐射整理。抗紫外线辐射整理是在织物上施加一种能反射或吸收紫外线的助剂，从而阻挡紫外线对人体的危害和影响。能反射紫外线的整理剂称为紫外线屏蔽剂，比如氧化锌、二氧化钛等，对紫外线有选择性吸收的，称紫外线吸收剂。

（6）卫生整理。卫生整理是用抗菌防臭剂或抑菌剂等处理织物，从而获得抗菌、防霉、防臭和保持清洁卫生的功能。其目的不只是防止织物被微生物沾污而损伤，更重要的是为了防止传染疾病，保证人体的安全健康和穿着舒适。

（7）防蛀整理。防蛀整理适用于蛋白质纤维织物如羊毛衫、丝绸等在贮存过程中容易发生虫蛀现象的织物。防蛀整理就是对织物进行化学（使用对人体无害的杀虫剂）处理，杀死蛀虫，或对纤维进行改变，使其成为防蛀织物，不再是蛀虫的食料。

（8）涂层整理。涂层是指在织物表面涂覆或黏合一层高聚物材料，使其具有独特的外观或功能的工艺过程。涂布的高聚物称为涂层剂，而黏合的高聚物称为薄膜。经涂层整理的织物无论在质感还是性能方面，往往给人新材料之感，其主要加工目的有改变织物外观（如珠光、反光、皮革外观等光泽效果）、改变织物风格（如柔软丰满的手感、硬挺等）、增加织物功能（如防水、防紫外线等），如图2-74、图2-75所示。

图2-74　涂层面料

图2-75　涂层面料在服装上应用

思考与练习

1. 纺织纤维的分类及内容是什么?

2. 棉、麻纤维在性能上的异同点?

3. 新型纤维包括哪些? 它们有哪些优点?

4. 涤纶、锦纶、腈纶有哪些异同点?

5. 常用纺织纤维的鉴别方法有哪些? 各有哪些优缺点?

6. 结合色彩、图案、款式等的学过的知识,正确运用服用纤维服用性能,介绍一款实用服装。

7. 简述纱线细度的表示方法。

8. 比较下列各组纱线的粗细:

(1) 32tex、20tex、20 英支、80 英支

(2) 60 公支、100 公支、10tex、60tex

9. 任选 5 块面料,试分析面料是单纱还是股线、长丝还是短纤维纱线,是否运用了花式纱线。

10. 搜集 10 种不同的面料,分析纱线对面料的影响。

11. 阐述织物组织与服装的关系。

12. 试述机织物、针织物、非织造物的区别。

13. 收集各种不同类型织物,尝试分析其组织结构、手感外观及风格。

14. 调查三个品牌羽绒服装,试论述服装采用了哪些染色与印花方法。

15. 试阐述牛仔布目前流行的整理方法。

16. 根据流行趋势阐述目前服装面料流行整理方法。

17. 调查两个品牌户外运动服装,试论述服装采用了哪些整理方法。

项目三　服装材料服用性能

课题名称：服装材料服用性能

课题内容：1. 服装材料的外观

2. 服装材料的耐用性

3. 服装材料的舒适性

4. 服装性能的影响因素

课题时间：16课时

教学目标：1. 使学生掌握服装材料的外观性。

2. 使学生掌握服装材料的耐用性。

3. 使学生掌握服装材料的舒适性。

4. 使学生掌握服用性能影响因素。

教学重点：重点理解服装材料的外观性、耐用性和舒适性。

教学方式：1. 实践法

2. 讲授法

3. 讨论法

无论是服装的色彩还是款式都需要通过服装材料来体现，材料是服装设计的物质基础。而材料可以通过不同的原料和加工方法形成多样的品种，从而创造出不同质感、不同价格、不同品位、不同用途的服装。服装材料的服用性能与风格特征是判断、选择和比较材料的依据，它关系到服装的功能，服装款式的体现，最终的穿着效果，日常使用、洗涤、熨烫等方面的问题。

在选择和运用服装材料，掌握服装材料的服用性能是非常关键的，服用性能使一件服装的设计从款式、色彩到材料等各方面性能，都能满足人们在装饰性和实用性上的要求。服用性能的评价依据应该回到人们的生活中，由此，服装材料服用性能的要求、指标来源于人们在生活中对织物的需求，来源于织物本身的特性知识。本课题主要从服装材料的外观性、耐用性、舒适性等方面展开讨论。

任务一　服装材料的外观

服装的外观审美在服装设计、加工过程中占有重要地位。它对织物的视觉、触觉、听觉以及造型等方面都有所要求。视觉方面，包括织物的正反面、面料疵点、面料的色彩图案、光泽、表面凹凸肌理、材料质感；触觉方面，包括面料滑、爽、柔、糯、丰满、硬挺等感觉；听觉方面，指蚕丝特有的丝鸣；造型方面，包括织物的悬垂或挺括等。

一、织物正反面识别

正确认识织物的正反面，其效果会直接反映在服装上面，影响成衣外观。认识织物主要方法如下：

1. 根据织物组织识别

（1）平纹组织织物、罗纹组织织物、双罗纹组织织物正反面比较接近，一般选择较光洁、疵点较少或较不明显的一面为正面。

（2）斜纹组织织物分为单面斜纹、双面斜纹两种。单面斜纹的纹路正面清晰、明显；反面则模糊不清。双面斜纹正反面基本相同；但斜向相反。单纱织物的正面纹路为左斜；半线织物与全线织物的斜纹路则是右斜。

（3）缎纹组织织物的正面由于经纱或纬纱浮在布面较多，布面平整紧密，富有光泽；反面模糊不清，光泽较暗。

（4）平针组织织物有圈柱的一面为正面。

2. 根据织物的花色识别

印花织物、染色织物的正面，花纹清晰，线条明显，层次分明，色泽较反面深且鲜明清晰。

3. 绒类织物的识别

绒类织物分为单面起绒织物和双面起绒织物。单面起绒织物如平绒、条绒等，其有毛绒的一面为正面。双面起绒织物如粗纺毛织物等，其绒毛比较紧密、整齐，表面光洁的为正面，双幅卷装时，一般折在里面的为正面。

4. 根据布边识别

布边光洁、整齐的一面为正面；如有整齐而又有规律针眼时，针眼凸出的一面一般为正面。

市场上的各种服装材料大部分可以依据以上方法进行识别，但有些织物不易区分正反面，还有些服装材料如绉缎等，正反面均可穿。

二、织物疵点

外观质量通常指织物表面的各种状态，即外观疵点，分为纱疵、织疵、染疵。疵点的分布状况有局部性疵点与散布性疵点。

1. 纱疵

纱疵是由纱线不良而造成的疵点，如竹节纱、油花纱、错纤维、错经、错纬、粗经、紧经、松经、双经、并线松紧、条干不匀、油经油纬、锈经锈纬等。

2. 织疵

织疵是由于织造工艺错误与操作不良所造成的疵点，如破洞、豁边、跳花等。

3. 染疵

染疵是由于印染工艺错误与操作不良所造成的疵点，如色条、横档、斑渍、染色不匀等。

4. 局部性外观疵点与分散性外观疵点

局部性外观疵点是材料部分位置所存在的各种疵点。散布性外观疵点是材料上分布面较广、严重的可以遍及全匹的疵点。局部性外观疵点是用有限度的累计评分方法来评定等级，分散性外观疵点按疵点程度，用逐级降等方法来评定等级。如果同时存在着局部性外观疵点和分散性外观疵点时，则先计算局部性外观疵点的等级，后结合分散性外观疵点降等规定逐级降等，以确定材料的等级。

三、织物折皱回弹性

施加于织物的外力去除后，由于织物的急、缓弹性变形而使材料逐渐回复到起始状态的能力称为折皱回弹性。服装材料的抗皱性有时也称为材料的折皱回复性或抗皱性。

织物折皱回弹性主要取决于组成材料的纤维固有性质（压缩和伸张弹性）。例如，以富有弹性的羊毛和聚酯纤维为原料的面料就不易起皱，在使用过程中起皱后会较快回复。由织物折皱回弹性较差的材料制作的服装，在穿着过程中容易起皱影响服装的外观，而且会沿着弯曲与皱纹产生磨损，从而加速服装的破坏。毛织物的特点之一是具有良好的折皱回复性，所以折皱回复性是评定材料具有毛型感的一项重要指标。服装材料的织物折皱回弹性与纤维的弹性、纤维的初始模量、纤维的几何形态尺寸、纤维的拉伸变形恢复能力等因素有关。它直接影响服装抗皱性的好坏，当外力去除后织物能回复原状至一定程度的性能称为折皱弹性。

各种纤维织物中，涤纶、丙纶、羊毛织物抗皱性优良；醋酯纤维、腈纶织物抗皱性一般；黏胶纤维、棉、麻、维纶、氯纶织物抗皱性较差；缎纹组织的抗皱性优于平纹组织；纱线捻度适中的织物，抗皱性较好。

四、织物洗可穿性

洗可穿性，也称免烫性，是指织物洗涤后，不经熨烫整理（或稍加熨烫）而保持平整状态，且形态稳定的性能。洗可穿性直接影响织物洗后的外观性。

织物的洗可穿性与纤维的吸湿性、抗皱性和缩水率密切相关，一般来说，纤维吸湿性小、抗皱性好、缩水率低的织物洗可穿性就好。涤纶织物的自然洗可穿性最好，其原因是纤维吸湿性小，织物在湿态下的折皱弹性好，缩水率小。合成纤维基本都具备这些特点，洗可穿性都比较好。天然纤维和人造纤维吸湿性较大，下水收缩明显，且干燥缓慢，织物形态稳定性不良，因而洗后表面不平整，皱痕明显，必须经熨烫整理后，才能恢复洗涤前的平挺外观。树脂整理可改善和提高棉纤维、麻纤维、黏胶纤维织物的洗可穿性。天然纤维及人造纤维与涤纶、锦纶纤维混纺也有助于提高洗可穿性，织物稍加熨烫即可恢复平整挺括的外观。

五、织物刚柔性

织物的硬挺和柔软程度称为刚柔性。织物刚柔性影响服装的制作和服装款式的体现，也关系到服装的体感舒适度。纤维越细，其织物的柔软性越好；纤维越粗，其织物刚性越大。如细羊毛与粗羊毛织物刚柔性差异极为明显；相同纤维原料的纱线，细度粗时，织物较硬挺，反之，织物较柔软；纱线捻度的增大，会使织物变得硬挺；织物组织也影响刚柔性大小。机织物中，交织点越多，浮长越短，经、纬纱间相对移动的可能性就越小，织物就越硬挺。所以平纹织物较斜纹、缎纹要硬挺。针织物中，线圈长度越长，纱线间接触点越少，越易滑动，织物就越柔软。织物的后整理可改善其刚柔度，如棉纤维、黏胶纤维织物经硬挺整理，身骨可由柔软变得硬挺；有些织物需进行柔软整理，通过机械揉搓和添加柔软剂，提高织物的柔软度。

六、织物悬垂性

悬垂性是织物在自然悬挂状态下，受自身重量及刚柔程度等影响而表现的下垂特性。某些服装和装饰织物要求具有较好的悬垂性，如裙装、外衣、帐幕、窗帘等。织物的悬垂性对服装的造型十分重要，悬垂性好的织物能充分展示出服装线与面的美感以及优雅的造型，特别是外衣类及礼服类面料。

悬垂性与纤维刚柔性和材料重量有关，硬而轻的织物不悬垂，软而重的织物垂性好。麻纤维刚性大，悬垂性不佳；蚕丝、羊毛柔性好，织物悬垂性强；黏胶纤维织物重量大，十分下垂，有坠性；腈纶织物由于轻而缺乏垂感。织物中纤维和纱线细度低者，有利于织物悬垂，如蚕丝织物、高支精梳棉织物、精纺羊毛织物。织物厚度增加，则悬垂性下降。

七、织物抗起毛起球性

织物在穿着和洗涤过程中，不断受到摩擦和揉搓等外力作用，使纤维端露出织物表面，出现毛茸。这一过程称为"起毛"。若这些毛茸不及时脱落，继续摩擦后相互纠缠在一起，形成纤维球，称为"起球"。织物起毛起球会影响织物的外观和耐磨性，降低服用性能，导致无法穿着。

织物起毛起球与纤维性质、纱线性状、织物结构、染整加工及服用条件等有关。长丝织物较短纤维织物起毛起球性小；粗纤维织物较细纤维织物不易起毛起球。纤维强度、伸长度好的合成纤维不易磨断、脱落，一旦起毛就容易进一步纠缠起球，所以，锦纶、涤纶、腈纶织物起毛起球较严重，天然纤维中的棉、麻、蚕丝织物起毛起球性小。人造纤维织物容易起毛。纱线捻度与起毛起球密切相关，捻度较小时，纤维间束缚不够紧密，容易起毛起球；毛羽多的纱线、花式纱线及膨体纱织物也容易起毛起球；针织物比机织物起毛起球性大；密度大的织物、表面光滑平整的织物，经烧毛、剪毛、热定型或树脂整理的织物，起毛起球性较小。

八、织物勾丝性

织物在使用过程中，接触到坚硬的物体，将织物中的纱线拉出或勾断，使布面发生抽紧、皱缩、纱线断头浮在布面的现象称为勾丝。勾丝主要发生在长丝织物和针织物中，不仅使织物外观严重恶化，还影响织物坚牢程度。纤维伸长能力和弹性大时，能缓和勾丝现象；结构紧密、条干均匀的纱线不易勾丝；增加捻度也可减少勾丝；组织紧密、表面平整的织物不易勾丝。一般针织物和化纤长丝织物易于产生勾丝现象，针织物往往因勾丝而脱散，形成破洞。

九、织物起拱性

所谓起拱是指服装材料在服用过程中，肘部、膝部等弯曲部位受到反复的外力作用后，而发生的翘曲、拱形等形态变化。残余变形的逐渐积累以及材料的应力松弛现象是起拱的主要原因。人们在日常生活中，肘部和膝部等部位会反复受到力的作用，随着长时间的反复屈曲作用和受力次数的增加，材料的内能逐渐消耗，由于运动中的每个动作间隔时间极短，所以材料的变形就来不及恢复，残余变形逐渐积累，使得处于这些部位的局部起拱程度越来越大，从而形成翘曲状态的永久性变形和起拱变形。对于易起拱的材料，在服装上的处理方法为：服装结构宽松，在易起拱部位的反面缝里衬，加固材料，以免其变形。

任务二　服装材料的耐用性

服装在穿着和打理过程中，要受到拉伸、撕裂、顶破、摩擦、温度、洗涤、化学品、日晒等作用，这些因素影响着服装材料的使用寿命，因此在穿着和使用中，只有了解各种材料耐牢特性，才能扬长避短，尤其避免耐牢性不足而给穿着者带来的麻烦和问题，保证每一次穿着、洗烫、晾晒等都完好无损。

一、织物强力

织物强力一般包括拉伸断裂强力、撕裂强力和顶破强力。

1. 拉伸、断裂强力

拉伸强力，是指织物在规定的条件下沿经向或纬向拉伸至断裂时所能承受的外力。衡量拉伸强力指标有断裂强度和断裂伸长率，用于衡量织物对拉伸外力的承受性能，但并不能完全代表织物使用寿命的长短。

断裂强度，是织物单位面积所能承受的最大拉伸外力。断裂伸长率（%）是指织物在断裂时，伸长量与原长度之比。织物的断裂强度和断裂伸长率与纤维的强伸性有关。实验证明：高强高伸的织物耐用性好，如锦纶、涤纶织物；低强高伸比高强低伸的织物耐穿，如羊毛织物耐用性好于苎麻织物；氨纶属低强高伸纤维，其织物比较耐穿；黏胶纤维是低强低伸，其织物耐用性较差。

2. 撕裂强力

撕裂强力，是指在规定条件下，从经向或纬向撕裂织物所需的外力。服装在穿着中，织物由于局部受到集中负荷而撕裂，它是纱线依次逐根断裂的过程。纱线强力大者，织物耐撕裂，故合成纤维织物这方面优于天然纤维织物和人造纤维织物。合成纤维与天然纤维混纺，可提高撕裂强力。机织物组织交织点越多，经纬纱越不易滑动，撕裂强力越小。因此，平纹织物撕裂强力较小，缎纹织物最大，斜纹织物居中。

3. 顶破强力

织物在与其平面相垂直的外力作用下，鼓起扩张而破裂的现象，称为顶破或顶裂。服装肘部、膝部、手套、袜子、鞋面等受力方式均属顶破形式。织物随厚度增加，顶破强力明显提高；当经、纬密度相差较大时，在强度较弱处易顶破；经、纬纱断裂伸长率较大的织物，顶破强力也较大。

二、织物耐磨性

织物在穿着、使用过程中一次受力破坏，或局部负荷集中破坏的情况并不多见，主要是受到不同外界条件的作用而逐渐降低其使用价值，特别是磨损，它是造成织物损坏的主要原因。织物抵抗与物体摩擦逐渐引起损坏的性能称为耐磨性。一般以试样反复受磨至破损的摩擦次数来表示，或以受磨一定次数后的外观、强力、厚度、重量的变化程度来表示。

织物的磨损方式有：平磨、曲磨、折边磨、动态磨和翻动磨。例如，服装的袖部、裤子的臀部与接触平面的摩擦，袜底与鞋的摩擦等均属平磨；服装的肘部、裤子膝部与人体的屈曲状摩擦为曲磨；服装的袖口、领口及裤口与人体皮肤摩擦属折边磨，人体活动过程中与服装的摩擦为动态磨，翻动磨则是洗涤时，织物和水或织物相互间的摩擦。

织物的耐磨性与纤维种类有关。长丝织物比短纤维织物耐磨，长纤维不易从纱中磨出；纤维细度适中有利于耐磨。由于织物磨损过程中，纤维疲劳断裂是基本的破坏形式，因此，纤维断裂伸长率大，弹性恢复率高，织物耐磨性一般都较好。合成纤维中的锦纶织物具有最优的耐磨性，其次是涤纶、丙纶和维纶织物。因此，锦纶与其他纤维混纺，可提高耐磨性。袖口、裤口、领口可用锦纶丝作加固。天然纤维中，羊毛虽强力较低，但伸长率较大，弹性恢复率较高，在一定条件下，耐磨性较优良。

厚型织物耐平磨性能较好；薄型织物耐曲磨及折边磨性能好；当经、纬密度较低时，平纹织物较为耐磨；织物表面光滑度影响耐磨性，表面有毛羽或毛圈的织物磨损不像平滑织物那样显著；棉、黏织物经树脂整理后耐磨性有所改善。

三、织物耐热性

服装材料在热的作用下性能不发生变化所能承受的最高温度称耐热性，即对热作用的承受能力。通常采用纤维受短时间高温作用，回到常温后，强度能基本或大部分恢复时的温度，或以纤维强度随温度升高而降低的程度，来表示纤维的耐热性。用一定温度下强度随时间增长而降低的程度，来表示纤维热稳定性。耐热性和热稳定性差的纤维，其织物洗涤和熨烫的温度不可过高。

四、织物耐日光性

在阳光照射下织物会发生裂解、氧化、强度损失、变色、耐用性降低等性质变化。耐日光性就是织物抵抗因日光照射而性质发生变化的性能。织物日晒后氧化裂解，其强度损失与光照强度、时间、纤维种类等有关。

各种纺织纤维耐日光性从优到劣的大致次序为：腈纶、麻、棉毛、醋纤、涤纶、氯纶、富纤、有光材料、维纶、无光黏胶纤维、氨纶、锦纶、蚕丝、丙纶。

五、织物色牢度

色牢度是指染料与织物结合的坚牢程度，以及染料发色基团的化学稳定程度。织物颜色变化分为落色、剥色、变色三种。

落色（即褪色）是指织物上的染料与纤维分离，使颜色浓度降低。

剥色（即消色）是指染色分子的发色团受到破坏而不再反映颜色的现象。

变色是指发色团破坏后，产生新的发色团，引起颜色改变的现象。

染色牢度指标有耐日晒色牢度、耐摩擦色牢度、耐汗渍色牢度、耐皂洗色牢度、耐干洗色牢度、耐熨烫色牢度、耐酸碱色牢度等。色牢度的级别越低，色牢度越差，如一级最差，表示织物颜色完全改变或被破坏，级数越高表示色牢度越好。

影响色牢度的因素有染料性质、染色条件、印染方法、染后处理和织物组织结构等。

六、织物收缩性

织物在湿、热、洗涤情况下，尺寸收缩的现象称为收缩性。收缩性影响织物的尺寸稳定性、外观、穿着效果、耐用性。织物收缩性分为缩水性和热收缩性。

1. 织物缩水性

织物在常温的水中尺寸收缩称为缩水性。缩水程度以织物缩水率表示。

$$缩水率 = \frac{缩水前尺寸 - 缩水后尺寸}{缩水前尺寸} \times 100\%$$

织物的经、纬向缩水分别引起长度和幅宽尺寸的改变，有的还会厚度增加，根据经、纬向缩水率，可预算出衣料尺寸预留缩水量或先行预缩，以保证服装尺寸的合适。

造成缩水的原因，其一，由于纤维吸湿而膨胀变形使经、纬纱直径变粗和在织物中弯曲程度加大，导致长度和幅宽减小；其二，织物在生产加工过程中，纤维、纱线不断受到各种拉力的作用，引起伸长变形。当织物下水后，由于水分子的渗入，伸长变形回复，织物尺寸回缩，而毛织物则因为独特缩绒特性，在水、外力的作用下就产生收缩。

影响织物缩水率的因素还有很多，吸湿性大的纤维，缩水率较大；反之，缩水率较小。例如，天然纤维和人造纤维的缩水率较大，而涤纶、锦纶织物缩水率很小甚至不缩。纱线捻度较大者缩水率高。组织稀疏的织物比紧密的织物缩水要大。经、纬纱密度影响缩水率，经密大，则经向缩水大。一般织物经向缩水较纬向大。缩水较大的织物，可进行物理或化学防缩整理。

2. 织物热收缩性

织物受热发生收缩的性能称热收缩性，用热收缩率表示。根据加热介质不同，有沸水收缩、热空气收缩、饱和蒸汽收缩及熨烫收缩。合成纤维及以合成纤维为主的混纺织物均有热收缩性，故洗涤和熨烫时要温度适当。热收缩性过大，会影响织物尺寸稳定性。锦纶、腈纶面料高温熨烫、热水洗涤时会出现热收缩，尺寸缩小，表面缩皱不平，原因在于它们的耐热性性、热稳定性不良，对热作用的承受能力不高，在热的作用下，性能发生变化。维纶面料耐热性较好，但湿水后耐热性极差，收缩严重。

七、织物燃烧性

服装材料可否燃烧以及燃烧的难易程度称为燃烧性。棉、麻、黏胶纤维和腈纶属易燃纤维，燃烧迅速；羊毛、蚕丝、锦纶、涤纶等是可燃纤维，但燃烧速度较慢；氯纶难燃，与火焰接触时燃烧，离开火焰自行熄灭；石棉、玻璃纤维是不燃纤维，与火焰接触也不燃烧。织物的燃烧性越来越为人们所关注，特别是防火工作服、童装和装饰织物等。

任务三 服装材料的舒适性

服装材料的舒适性能是指服装材料为满足人体生理卫生需要所必须具备的性能，特别是冬夏两季服装和内衣对舒适性要求较高。主要舒适性能指标如下。

一、织物吸湿性

吸湿性是服装材料在空气中吸收或放出气态水的能力。吸湿性强的服装材料能及时吸收人体排出的汗液，起到散热和调节体温的作用，使人体感觉舒适。吸湿性对服装材料的形态尺寸、机械性能、染色性能和静电性能等都有一定影响。衡量吸湿性的指标是回潮率或含水率。

回潮率是指材料含水量占材料干燥重量的百分率。

$$回潮率 = \frac{材料湿重 - 材料干重}{材料干重} \times 100\%$$

$$含水率 = \frac{材料湿重 - 材料干重}{材料湿重} \times 100\%$$

由于纤维吸湿量是随周围环境的湿度而变化的，为了正确比较各种纤维的吸湿性，规定在温度20℃，相对湿度65%的标准大气条件下，将纤维放置一段时间直至达到稳定值，然后测其回潮率，此条件下所测得的是标准回潮率。

纺织材料的回潮率不同，其重量也不同。为了消除因回潮率不同而引起的重量不同，满足纺织材料贸易和检验的需要，国家对各种纺织材料的回潮率规定了相应的标准，称为公定回潮率。

织物吸湿能力大小首先取决于纤维的组成和结构。天然纤维分子中有亲水基因，能够吸附水分子并渗入纤维内部，所以吸湿性较强，回潮率高。合成纤维分子中大多不含或含相当弱的亲水基团，而且其分子排列紧密，其织物吸湿能力较差，有的几乎不吸湿，回潮率低。纺织纤维吸湿性从大到小的顺序为：羊毛、黏胶、苎麻、亚麻、蚕丝、棉、维纶、锦纶、腈纶、涤纶、丙纶、氯纶。因此，夏季穿着黏胶、棉、麻、蚕丝类织物，吸湿、透湿性好，能保持人体干爽舒适。

二、织物通透性

织物透过空气、水气和水的能力统称为通透性，不同用途织物对通透性要求也不一样。

1. 透气性

当织物两侧空气存在压力差时，空气从一侧通向另外一则的性能称为透气性，一般用透气率表示，即在织物维持一定压力差条件下，单位时间内通过织物单位面积的空气量。透气率越大，织物透气性越好。从卫生学角度看，透气性对服装用织物十分重要，夏季面料应有较好的透气性，使人感觉凉爽；冬季外衣面料则透气性要小，防止人体热量散失，提高保暖性能。

大多数异形截面纤维织物的透气性比圆形截面纤维织物要好；压缩弹性好的纤维，其织物透气性也好；吸湿性强的纤维，吸湿后纤维直径明显膨胀，织物紧度增加，透气性下降；若织物密度不变，减小经、纬纱细度和增加纱线捻度，有助于提高透气性；若经、纬纱细度不变，织物密度增大，则透气性下降；在相同条件下，浮线长的织物透气性好，因此，平纹织物交织点最多，浮长线最短，纱线束缚紧密，透气性最小，斜纹织物透气性较大，缎纹织物透气性更大。厚重织物的透气性小于轻薄织物；起绒、起毛、双层织物透气性较低；织物经水洗、砂沉、磨毛等后整理，透气性减小；一般针织物比机织物透气性要好，皮革、裘皮制品透气性比较小。橡胶、塑料等制品则不具备透气性，多用于劳保和特殊服装。

2. 透湿汽性

织物通过水汽的性能称为透湿汽性，又称透汽性。即人体出汗时，织物两侧有一定相对湿度差，汗液蒸发从靠皮肤一侧转移到另一侧的性能，一般用透汽率表示，它是在织物两侧维持一定相对湿度差条件下，单位时间内透过织物单位面积的水汽质量，透汽率越大，织物透汽性越好。水汽透过织物的方式有两种。一种是与高湿空气接触一面的纤维，从高湿空气中吸收湿汽由纤维传送至织物另一面，并向低湿空气中放湿；另一种方式是水汽直接通过织物内纱线间和纤维间的空隙，向织物另一面扩散。

织物的透汽性与纤维的吸湿性密切相关。吸湿性好的天然纤维织物和人造纤维织物，都有较好的透汽性，特别是苎麻纤维吸湿高，而且吸、放湿速度快，所以，苎麻织物透汽性优越，贴身穿着时无黏身感，是舒适的夏季面料，合成纤维吸湿性能都较差，有的几乎不吸湿，故合成纤维织物的透汽性一般都较差，若与天然纤维混纺，可得以改善。纱线结构疏松或纱线径向分布中吸湿好的纤维由外层转移的织物透汽性较好，如涤/棉包芯纱，由于棉纤维包覆于纱线十分有利于吸湿，故织物透汽性比普通涤/棉混纺织物要好。改变织物组织结构，降低纱线细度和织物密度，可提高透汽性。织物后整理对透汽性有影响，棉/黏织物经树脂整理后，透汽性下降。

3. 透水性、防水性

织物渗透水的性能称为透水性，即水分子从织物一面渗透到另一面的性能。织物防止水渗透的性能称为防水性。透水性与防水性是相反的性能，不同用途的织物各有所需。工业滤布等要求有一定的透水性；服装材料如不具备防水性，则会过量吸水，热传导增大，导致体热散发，引起身体不舒适，因此，风雨衣及一些外衣类织物应具备良好的防水性。

吸湿性较好的纤维织物，一般都具有较好的透水性，如普通真丝、纯棉织物等；而纤维表面存在的蜡质、油脂等可产生一定的防水性。织物组织紧密者，防水性好，如卡其、华达呢、塔夫绸等密度较大，防水防风，可制作风雨衣。经过一般防水整理的织物，防水性能优越，但透气、透湿性下降。而防水透湿整理则使织物既防水又透气、透湿，每项通透性指标都能符合人体舒适度的要求。

三、织物保暖性

服装材料能够保持人的体温，防止体热向外界散失的性能称作保暖性。服装用织物最初始的用途就是为了保暖，在寒冷季节或低温环境中，如果服装材料保暖性能较差，会使体热大量散失，一旦超过人体自身调节热平衡的极限，就会损害人体健康，甚至危及生命。因此，冬季服装及低温环境工作服、运动服的保暖性能十分重要。

判断服装材料保暖性不可想当然地认为厚重的保暖性一定好，轻薄的就不好，因为织物保暖性优劣首先取决于所含原料的导热性，其次是织物的冷感性和防寒性。织物两面在有温度差的情况下，热量从温度高的一面向温度低的一面传递的性能称为导热性，影响织物导热性的因素有纤维的导热系数、含气量和织物密度与厚度。

纤维导热系数（热导率）是衡量纤维导热性的指标之一。导热系数越大，热传递性越好，保暖性越差。从保暖角度看，纤维的导热系数越小，热的传递性越小，保暖性越好。

静止空气的导热系数最小，是热的不良导体。因此，当空气不流动时，织物内含气量越大，保暖性越好；较细的纤维，比表面积大，静止空气层的表面积也大，故绝热性好，如羽绒、某些超细纤维；中空纤维内部含有较多静止空气，导热性差，如中空腈纶、中空涤纶；具有卷曲的纤维，纤维间空隙多，含气量大十分保暖，如羊毛、羊绒织物；起毛、蓬松的织物以及双层、多层结构的织物含气量大保暖性好。

密度较大的织物热量不易散失；厚织物比薄织物绝热性好，利于保暖。因此，在原料相同的情况下，织物厚度越大、密度越高，保暖性就越好，冬季衣料应紧密厚实。当前的超保暖材料是运用导热系数小的纤维原料，采用空气量大的双层、多层织物结构，或再配以隔热层，达到既轻薄又保暖的效果。

四、织物热湿舒适性

试样两面的温差与垂直通过试样单位面积的热流量之比值称为热阻，该流量可能由传导、对流、辐射中的一种或者多种形式传递。热阻以每平方米开尔文每瓦（$m^2 \cdot K/W$）为单位，它表示纺织品处于稳定的温度梯度的条件下，通过规定面积的干热流量。

试样两面的水蒸气压力差与垂直通过的单位面积蒸发热流量之比称为织物的湿阻。湿阻以平方米帕斯卡每瓦（$m^2 \cdot Pa/W$）为单位，它表示纺织品处于稳定的水蒸气压力条件下，通过规定面积的蒸发热流量。纺织材料的生理舒适性能包括了热和湿传递的复杂组合。蒸发热流量可能由扩散和对流的一种或多种形式传递。

五、织物抗静电性

纺织纤维是电的不良导体，当人体活动时皮肤与衣料间、衣料与衣料间相互摩擦，电荷积聚，产生静电的性能称为静电性。如果在黑暗中穿脱静电性较大的衣服，能听到"叭、叭"声，并看到闪光，这就是衣服上积聚电荷引起静电释放的现象。

各种纤维的静电性不同。棉、麻、毛、丝、黏胶等纤维吸湿性好，导电性较强，不易产生静电积聚，而合成纤维吸湿性差，特别是普通的涤纶、腈纶、丙纶几乎不导电，带电现象严重。静电较大的服装穿着很不舒适，当人体活动时衣料会缠裹、吸附人体某个部位，既破坏了服装原有造型，又妨碍行动，穿脱也不方便。此外，静电易使灰尘吸附在服装上，产生污染，对健康不利，而静电过大时，会产生静电火花，在易燃环境中，可能造成火灾及爆炸，危害生命财产。因此，对于有些合成纤维织物应进行抗静电整理，才能穿着舒适。

任务四　服装性能的影响因素

服装在穿着和使用过程中，其材料会反映出特有的性能，如舒适感如何，保形性、收缩性如何，坚牢度、色牢度、洗涤性、熨烫性如何，等等，这些都是服装材料服用性能的具体表现，也是我们研究服用性能的重要内容。服装材料的服用性能又称织物的服用性能，是指服装材料在穿着和使用过程中，能满足人体穿着所具备的性能。如冬季服装材料要求保暖性好，美观入时，且轻便易洗涤；夏季服装材料要求吸汗透气，凉爽舒适又易洗快干，无须熨烫；内衣材料要求柔软、无刺激、吸湿、弹性好、静电小；对外衣材料当然要求既挺括、悬垂、不易变形、不褪色，又耐磨、坚牢，最好还便于洗涤、整烫。这就是人们对构成服装的材料提出的具体要求。影响服装材料服用性能因素有以下几个方面：

一、纤维的结构和性能

纤维结构和性能对织物的服用性能起着至关重要的作用。天然纤维与合成纤维由于分子结构的原因，它们在吸湿上存在着本质差别，天然纤维织物易与水分子亲和，吸湿性好，舒适感强。合成纤维分子中无亲水基因，其织物吸湿性差，人体出汗时有闷热感。通过对合成纤维分子结构进行亲水处理，或在纺丝原料中加入亲水成分，或改变纤维横截面形态，均可提高吸湿性能。

二、纱线的结构和性能

相同原料的纱线，由于细度、均匀度、捻度、混纺比等结构因素不同，其织物在服用性能上也有所差异。低特高捻度纱线的织物，光洁、滑爽、硬挺；而高特低捻度织物则蓬松、温暖、柔软。短纤维纱与长丝纱结构不同，短纤维纱的织物有温暖感，强度不够好，易起毛、起球；光滑型长丝织物则有阴冷感，强度好，不易起毛、起球，但易勾丝。

三、织物组织结构

在其他条件相同的情况下，织物组织不同，其织物在服用性能上也会不同。如采用针织物，织物的透气性、柔软性和抗皱性会好一些；采用机织物组织，不同织物组织循环内，经、纬纱的交织次数影响着织物的光泽、手感和耐磨性等。平纹组织交织次数最多，其织物耐磨性好；缎纹组织浮线长而多，其织物光滑、明亮、柔软、不易皱折，但耐磨性不良，易擦伤、破损；双层组织和起毛组织，厚实丰满，包含大量静止空气，保暖性较好。

织物的经、纬密度（针织物指纵、横向密度）可改善织物的透气性、防风性。冬季服装面料大多致密、防风、保暖；夏季面料则稀疏、透气、凉爽。织物密度过大过小对坚牢度都不利。

四、生产加工

从纺纱、织造到印染整理，每一道工序对织物性能都有影响。从整理而言，它可以改善和提高织物的服用性能，并获得附加价值，如阻燃、防缩、防水、防霉、抗皱等整理。薄型织物经砂洗或磨绒整理，厚度增加，光洁度和明亮度减弱，由轻飘变得重垂，而吸湿性有所下降。棉、黏胶纤维织物经树脂整理弹性和抗皱能力有所提高，柔软度和光滑度也有所改善。

思考与练习

1. 从你的衣物中找出你最喜欢和不喜欢的衣服各一件，用外观性的角度解释原因。

2. 根据生活经验，结合服装材料外观性所学知识，阐述平纹组织、斜纹组织、缎纹组织三种类型织物外观性上各有何特点。

3. 收集不同种类的面料，尝试分析它们起毛起球性能的优劣。

4. 收集不同种类的服装材料，根据所学知识谈谈如何对其耐用性能进行评价。

5. 结合生活经验，举例说明哪些服装材料的耐用性能更好，并说明原因。

6. 根据所学知识，分析不同季节服装对服装材料透气性的需求有何不同，举例说明。

7. 收集不同种类的面料，尝试分析服用性能的区别，并阐述它们的影响因素。

核心知识与应用

项目四　棉型、麻型、丝型、毛型面料及应用

课题名称：棉型、麻型、丝型、毛型面料及应用

课题内容：1. 棉型面料主要品种及应用

　　　　　2. 麻型面料主要品种及应用

　　　　　3. 丝型面料主要品种及应用

　　　　　4. 毛型面料主要品种及应用

课题时间：8课时

教学目标：1. 掌握棉型、麻型、丝型、毛型面料主要品种的风格特征及其在服装中的应用。

　　　　　2. 正确识别和选用棉型、麻型、丝型、毛型面料。

教学重点：棉型、麻型、丝型、毛型面料主要品种的风格特征以及在服装中的应用。

教学方式：1. 讲授法

　　　　　2. 讨论法

任务一 棉型面料主要品种及应用

一、棉型织物概述

棉型织物是指以棉纱或棉与棉型化纤混纺纱线织成的纺织品。棉型织物的整体风格朴实无华，给人以自然、舒适之感。纯棉织物手感柔软，吸湿透气，保暖性能良好，穿着舒适，染色性好，色泽鲜艳，色谱齐全，但易霉变，弹性较差，易折皱，洗后需熨烫，通过树脂整理可以提高织物的抗皱性。

二、棉型织物主要品种及应用

1. 平布

平布是采用平纹组织织制而成，织物中经、纬纱线密度和经、纬向密度相同或相近，正反面无明显差异，布面平整，质地坚牢，结实耐用，但光泽较差，缺乏弹性，如图 4-1 所示。根据所用经、纬纱的粗细，平布可分为粗平布、中平布和细平布。

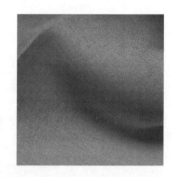

图 4-1 平布

（1）粗平布又称粗布，经、纬纱采用 32tex 及以上的粗特纱织成，布身粗糙、厚实，布面棉结杂质较多，坚牢耐磨。市销粗布主要用于包装材料和服装衬布等，经染色后可做衣裤和劳保服装用料。

（2）中平布又称市布，经、纬纱采用 21~31tex 的纱线织成，结构较紧密，布面匀整光洁，质地坚牢。市销中平布主要用作被里布、衬里布，经印染加工后可用于服装面料。

（3）细平布又称细布，经、纬纱采用 10~19tex 的纱线织成，质地轻薄紧密，布身细洁柔软，布面棉结杂质少。细平布多用于加工成漂白、染色和印花布，可制作衬衫、内衣、夏装等。

2. 府绸

府绸是一种细特（高支）、高密的平纹或小提花织物，是棉型织物中的高档产品，具有良好的外观，有丝绸般的风格，故名"府绸"。府绸最大的特点是织物密度较高，经密高于纬密近一倍，经纱屈曲较大而纬纱较平直，织物表面由于经纱凸起布面呈现菱形颗粒效果。府绸外观细密，布面光洁匀整，手感平挺滑爽，颗粒清晰丰满，有丝绸感，如图 4-2 所示。

图 4-2 府绸

府绸品种较多，有纱府绸、半线府绸和全线府绸；普梳府绸、半精梳府绸和全精梳府绸；普通府绸、条子府绸和提花府绸；漂白府绸、印花府绸和色织府绸；防缩整理、防雨整理和树脂整理府绸等。

府绸穿着舒适，是理想的衬衫、内衣、睡衣、夏装和童装面料，也可以用于手帕、床单、被褥等。经特殊整理的精梳府绸可成为高档衬衫面料，柔软、挺括且不易变形。

3. 麻纱

麻纱通常采用平纹变化组织中的纬重平组织织制，经、纬纱细且捻度大，经、纬纱捻向相同，经、纬向密度小。麻纱因挺爽如麻而得名，有凉爽透气的特点。其主要风格特征是织物表面纵向呈现宽窄不等的条纹，质地轻薄，条纹清晰，挺爽透气，穿着舒适，如图4-3所示。麻纱有漂白、染色、印花、提花、色织等品种，适宜做男女衬衫、儿童衣裤、裙料以及手帕、装饰用布。

4. 泡泡纱

泡泡纱是一种布面呈凹凸不平泡泡状的薄型棉织物，原料多为纯棉或涤棉中号或细号纱，采用平纹组织织制。织物形成泡泡的方法主要有三种：

（1）利用地经和泡经两种经纱，泡经纱线粗且超量送经，使其在泡经部分形成凹凸状泡泡，一般以色织彩条产品为多。

（2）利用氢氧化钠对棉纤维的收缩作用，使碱液按设计的要求作用于织物表面，使受碱液作用和不受碱液作用的织物表面因收缩差异而形成泡泡。

（3）利用收缩性能不同的纤维加工的方法，如采用涤纶与棉间隔的经纱或纬纱织造，用氢氧化钠溶液处理，由于棉纤维较涤纶纤维收缩大，使布身形成凹凸状的泡泡。

泡泡纱的主要风格特征是外观别致，立体感强，质地轻薄，穿着不贴身，凉爽舒适，洗后不用熨烫，如图4-4所示，适合做妇女、儿童夏季的各式服装。

图4-3　麻纱　　　　　　　　　　　图4-4　泡泡纱

5. 巴厘纱

巴厘纱又称"玻璃纱"，是一种用平纹组织织制的稀薄半透明织物。经、纬均采用强捻细特精梳纱线，且密度稀疏。其主要风格特征是布面光洁，质地稀薄，手感挺爽，布孔清晰，吸湿透气，因而巴厘纱独具"稀、薄、爽"的风格，如图4-5所示，适用于夏装、童装、内衣、睡衣，也可做装饰或抽纱用织物。

6. 牛津布

牛津布（oxford），又称牛津纺，起源于英国，以牛津大学命名的传统精梳棉织物。细经粗纬，以纬重平或方平组织织制而成。其主要风格特征是色泽柔和，布身柔软，透气性好，穿着舒适，多用作衬衣、运动服和睡衣等。产品品种花式较多，有素色、漂白、色经白纬、色经色纬、中浅色条形花纹等，还有用涤/棉纱线织制的，如图 4-6 所示。

图 4-5　巴厘纱　　　　　　　　　　　图 4-6　牛津布

7. 绉布

绉布又称绉纱，是一种纵向有均匀绉纹的薄型平纹棉织物，所用原料为纯棉或涤/棉，经向采用普通棉纱，纬向采用强捻纱。织物中经密大于纬密，织成坯布后经染整加工，使纬向收缩约 30%，布面形成绉纹效应。经起绉的织物，可进一步加工成漂白、杂色或印花织物，其主要风格特征是质地轻薄，绉纹自然持久，手感挺爽，柔软而富有弹性，穿着舒适，如图 4-7 所示，适于做各式衬衫、裙料、睡衣裤、浴衣、儿童衫裙等。

8. 斜纹布

斜纹布一般经、纬纱为单纱，采用二上一下左斜纹织制，斜纹与布边呈 45° 角倾斜。正面斜纹纹路明显，杂色斜纹布反面则不甚明显。经、纬纱支数相接近，经密略高于纬密。质地紧密厚实，手感柔软，适合做男女便装、制服、工作服、学生装、童装等衣料，如图 4-8 所示。

图 4-7　绉纱　　　　　　　　　　　图 4-8　斜纹布

9. 卡其

卡其是棉织物中斜纹组织的一个重要品种，布面斜纹清晰陡直，斜纹角度呈70°左右。按所用经、纬纱线分为纱卡、半线卡和线卡。通常纱卡其采用三上一下左斜纹组织，经、纬纱均使用单纱；线卡采用二上二下右斜纹组织，经、纬纱均使用股线；半线卡采用三上一下右斜纹组织，经、纱使用股线，纬纱使用单纱。

卡其织物还可分为单面卡其、双面卡其、人字卡其。单面卡其采用三上一下左斜纹组织，正面有左倾斜向纹路，反面没有；双面卡其采用二上二下加强斜纹组织，正面呈右倾斜纹路，粗壮饱满，反面呈左倾斜纹路，不及正面突出；人字卡其采用变化斜纹组织，斜纹线一半左倾，一半右倾，布面呈现"人"字外观。

卡其织物最大的特点是其表面呈现细密、清晰的斜向纹路，质地紧密，织纹清晰，手感厚实，坚牢耐穿，但紧度过高的卡其，耐平磨不耐折磨，适用于春、秋、冬季各种制服、工作服、风衣、夹克衫、西裤等，如图4-9所示。

10. 哔叽

哔叽名称来源于英文 beige 的音译，意为"天然羊毛的颜色"，有毛织和棉织两种。哔叽采用二上二下加强斜纹织制，正反面斜纹方向相反，经、纬纱细度和密度接近，斜纹倾角约为45°。纹路较平坦且间距较宽，正面比反面清晰，质地厚实，结构松软。

图4-9 卡其

按经、纬纱线的不同，可分为纱哔叽和线哔叽。纱哔叽采用左斜纹，结构松软，布面稍毛，质地厚实，多用于妇女、儿童服装；线哔叽采用右斜纹，质地挺括，布面平整光洁，适合制作外衣、裤子等。

11. 牛仔布

牛仔布（denim）也叫作丹宁布，是一种质地紧密、坚牢耐穿的粗斜纹棉织物。经纱颜色深，一般为靛蓝色，纬纱颜色浅，一般为浅灰色或煮练后的本白纱，又称靛蓝劳动布。牛仔布一般经防缩整理，其主要风格特征是织物织纹清晰，质地紧密，坚牢结实，手感硬挺，主要用于工作服、防护服，尤其适用于制作牛仔裤、女衣裙及童装等，如图4-10所示。

12. 贡缎

贡缎是采用缎纹组织织制的棉织物。贡缎布面光洁，富有光泽，质地紧密厚实，手感柔软，由于浮线较长，耐磨性不佳，易擦伤起毛，如图4-11所示。贡缎分为经面缎纹直贡缎和纬面缎纹横贡缎两大类。横贡缎的纱线比直贡缎细，故布面比直贡缎光洁，更富丝绸感。直贡缎适合做衬衫、外衣等；而横贡缎经耐久性电光整理后不易起毛，是高档时装、衬衫、裙子和童装的面料。

图 4-10 牛仔布

图 4-11 贡缎

13. 平绒

平绒是采用起绒组织织制再经割绒整理的棉织物，布面具有稠密、平齐、耸立而富有光泽的绒毛，故称平绒。

根据加工方法不同，平绒分为经平绒（割经平绒）和纬平绒（割纬平绒）。经平绒以经纱起绒，由两组经纱（地经和绒经）和一组纬纱交织成双层组织的织物，经割绒后成为两幅有平整绒毛的单层经平绒；纬平绒是以纬纱起绒，由一组经纱与两组纬纱（地纬与绒纬）交织而成。地组织多用平纹，也有用斜纹。

平绒的主要风格特征是绒毛丰满平整，质地厚实，手感柔软，保暖性好，耐磨耐用，富有弹性，不易起皱。适用于女性春、秋、冬三季服装面料。

14. 灯芯绒

灯芯绒是采用一组经纱和两组纬纱交织而成，其中一组纬纱与经纱交织成地布，另一组纬纱与经纱交织形成有规律的较长的浮长线，经割绒机割断和刷毛整理，得到呈条状耸立的绒毛，故称灯芯绒或条绒，如图 4-12 所示。灯芯绒可织成粗细不同的条绒，其主要风格特征是绒条丰满，外形美观，质地厚实，手感柔软，耐磨耐穿，保暖性好，适于做男女老少各式服装。

图 4-12 灯芯绒

15. 绒布

绒布是由经纱细纬纱粗且捻度小的棉坯布经拉绒处理，在织物表面形成一层蓬松绒毛的织物。

绒布品种较多，按绒面情况分为单面绒和双面绒；按织物厚薄分厚绒和薄绒；按织物组织分有平布绒、哔叽绒和斜纹绒；按印染加工方法分有漂白绒、杂色绒、印花绒和色织绒。

绒布的主要风格特征是布面外观色泽柔和，手感松软，保暖性好，吸湿性强，穿着舒适，适于做男女冬季衬衣、裤、儿童服装、衬里等。

任务二 麻型面料主要品种及应用

一、麻型织物概述

麻型织物是指用天然麻纤维纯纺、混纺或交织而成的织物。服用织物中常用的天然麻纤维主要是苎麻和亚麻。

麻型织物具有独特的粗犷风格，吸湿散湿快，穿着凉爽，是夏季服装的理想面料。加之近年来流行回归自然，麻型织物越来越受到消费者的青睐，成为时尚消费潮流。

二、麻型织物主要品种及应用

麻型织物的种类较多，常用麻型织物有苎麻织物、亚麻织物和麻混纺织物。

1. 苎麻织物

苎麻织物是用苎麻纤维纺制而成的织物，分手工与机织两类。

（1）手工苎麻布俗称夏布，是中国传统纺织品之一，如图4-13所示。成品多为土纺土织，故门幅宽窄不一，约36~66cm，匹长在126~315cm。其质量好坏不均一，部分产品纱支细而均匀，经精练、漂白加工后，布面平整光洁，质地坚牢，挺括凉爽，适于制作夏季衬衫、裤。部分产品纱支粗细不一，条干不匀，组织稀松，手感粗硬，色泽黄暗，可用作蚊帐和服装衬里等。

（2）机织苎麻布品质与外观均优于夏布，如图4-14所示，经染整加工后，布面紧密平整，匀净光洁，穿着挺爽，吸湿透气，出汗不贴身，是理想的夏季面料。

图4-13 夏布

图4-14 苎麻织物

2. 亚麻织物

亚麻织物是由亚麻纤维加工而成，分原色和漂白两种。原色亚麻布不经漂白、染色，具亚麻纤维的天然色泽。漂白亚麻布经过漂炼、丝光，比原色布柔软光滑、洁白有弹性。亚麻布因布面细洁平整、手感柔软、穿着凉爽舒适、出汗不贴身等优点，适用于各式夏令服装面料和窗帘、沙发用布等，如图 4-15 所示。

3. 麻混纺或交织织物

（1）麻与涤纶混纺布。麻多与涤纶短纤维进行混纺，一般采用平纹、斜纹组织，如图 4-16 所示。织物挺括、透气、吸汗、散湿好，弹性较好，不易产生折皱，具有较好的服用性能，常用于制作夏季衬衫、外衣、裙、裤等。

图 4-15　亚麻织物　　　　　图 4-16　涤麻混纺织物

（2）麻与黏胶纤维的混纺及交织布。黏胶纤维织物柔滑、飘逸、悬垂性好，但缺少身骨。麻纤维刚硬、挺爽，采用两者混纺或交织，取长补短，使织物的外观与麻织物相似，但手感柔软，刺痒感少，有一定的悬垂性和挺爽特性，经树脂整理，还能提高抗皱能力，提高织物表面光滑性。产品常用作春夏季服装面料，较适合做女装的裙、衫。

（3）麻与棉的混纺及交织布。麻棉混纺布一般采用 55% 麻与 45% 棉，或麻、棉各 50% 的比例进行混纺。外观保持了麻织物独特的粗犷挺括风格，又具有棉织物柔软的特性，改善了麻织物不够细洁、易起毛的缺点。棉麻交织布多为棉作经、麻作纬，质地坚牢爽滑，手感软于纯麻布。麻棉混纺与交织织物多为轻薄型，适合夏季服装。

（4）麻丝混纺及交织布。桑蚕丝为经、苎麻纱为纬的平纹交织物以及桑蚕丝与苎麻的混纺织物，织物表面有粗细节，呈现麻织物的风格，又有丝织物的柔滑手感，柔中带刚，改善了织物的折皱弹性，并使织物的弹性及伸长率提高。这类织物服用性能极佳，既吸湿透气，又散湿散热快，对皮肤无刺痒感，还能对皮肤瘙痒有一定改善，是高档的服装面料。

（5）麻羊毛混纺织物。毛麻混纺织物是采用不同毛麻混纺比例纱织成的轻薄型织物，织物挺括、弹性好、耐折皱，适用于外衣面料。

任务三　丝型面料主要品种及应用

一、丝型织物概述

丝型织物是高档的服装材料，主要以天然蚕丝、人造丝、合成纤维长丝为原料织成的各种纯纺、混纺或交织织物。丝型织物具有柔软滑爽、光泽明亮等特点，穿着舒适、华丽、高贵。

丝型织物按原料可分为：真丝织物、柞丝织物、绢纺丝织物、人造丝织物、合纤丝织物、交织丝织物。

丝型织物按组织结构和外观特征可分为：纺、绉、缎、锦、绡、绢、绒、纱、罗、绫、绸等十四大类。

二、丝型织物主要品种及应用

1. 纺

纺类丝型织物是以不加捻的桑蚕丝、人造丝、涤纶丝、锦纶丝为原料，用平纹组织织成的素、花织物，表面平整、细洁、轻薄、柔软。常用的纺类有电力纺、杭纺、尼龙纺等。

（1）电力纺。电力纺是以平纹组织织制。因采用厂丝和电动丝织机取代土丝和木机织制而得名。其风格特征是质地细密轻薄，光泽柔和，平挺滑爽，穿着舒适，如图4-17所示。重磅电力纺主要用作夏令衬衫、裙子面料及儿童服装面料；中等电力纺可用作服装里料；轻磅电力纺可用作衬裙、头巾等。

（2）杭纺。杭纺也叫素大绸，以平纹组织织制，是纺类中重量较重，质地较厚实的品种，如图4-18所示。由于它主要产于浙江杭州，故得名为杭纺。其风格特征是绸面光滑平整，质地厚实坚牢，色泽柔和自然，手感滑爽挺括，穿着舒适凉爽。杭纺适宜做男女衬衫、便装、外衣等。

（3）尼龙纺。尼龙纺又称尼丝纺，为锦纶长丝织制的纺类丝织物。其风格特征是布面平整细密，平挺光滑，手感柔软，轻薄而坚牢耐磨，色泽鲜艳，易洗快干，主要用作男女服装面料。涂层尼龙纺不透风、不透水，且具有防钻羽绒性。尼龙纺用作滑雪衫、雨衣、睡袋、登山服的面料，如图4-19所示。

图4-17　电力纺　　　　　图4-18　杭纺　　　　　图4-19　涂层尼龙纺

2. 绉

（1）双绉。双绉是采用平经（经丝不加捻）绉纬（纬丝加强捻），以平纹组织织制的绉类织物。因纬纱采用两种不同捻向的强捻纬纱以2S、2Z交替织入，故使织物表面呈现出均匀绉纹，别具风格，如图4-20所示。双绉织物风格特征是质地轻柔，平整光洁，手感柔软，悬垂性好，富有弹性，穿着舒适，缩水比较大。双绉主要用作男女衬衫、裤子、裙子等。

（2）乔其纱。乔其纱又称乔其绉，经、纬均采用2S2Z强捻丝交替排列织成的绉类丝织物，如图4-21所示。乔其纱质地轻薄透明，手感柔爽富有弹性，透气性和悬垂性良好，穿着飘逸、舒适。乔其纱主要用作女士连衣裙、高级晚礼服等。

图 4-20　双绉

图 4-21　乔其纱

3. 绸

（1）绵绸。绵绸又称疙瘩绸，是用缫丝及丝织的下脚丝、茧渣等为原料，经绢纺加工成纱线，采用平纹组织织成的绸类织物。因经、纬丝粗细不匀、杂质多、纤维短，使织物表面具有粗糙不平的独特外观，如图4-22所示，绵绸质地厚实，光泽柔和，富有弹性，悬垂性与透气性良好。绵绸主要用作衬衣、裙子、裤子、时装等。

（2）双宫绸。双宫绸是用普通桑蚕丝作经，双宫桑蚕丝作纬的平纹交织织物。因经细纬粗，双宫丝丝条又不规则地分布着疙瘩状竹节，使织物别具风格。根据染整加工情况，可分成生织匹染和熟织两种。双宫绸表面不平整，纬向有不规则的疙瘩状质感，手感粗糙，质地紧密厚实，如图4-23所示。双宫绸主要用作夏令男女衬衫、裙子和外套的面料等。

图 4-22　绵绸

图 4-23　双宫绸

4. 缎

软缎是以桑蚕丝为经、人造丝为纬的丝织物，有素软缎和花软缎两种。

（1）素软缎是桑蚕丝与黏胶丝的交织物，以八枚缎纹组织织成。缎面经丝浮线较长，排列细密，具有纹面平滑光亮、质地柔软、背面呈细斜纹状的风格特点。产品有素色和印花两种，色泽鲜艳，浓郁高雅，如图4-24所示。素软缎可做女装、戏装、高档里料、绣花坯料、被面、帷幕等。

（2）花软缎是以八枚经面缎纹为地纬丝起花织成，如图4-25所示。原料与素软缎相同，不同的是花软缎的桑丝地组织上有人造丝提花，花型有大有小，图案以自然花卉居多，轮廓清晰。花软缎织物缎面光泽明亮，花纹轮廓清晰，图案活泼，光彩夺目。花软缎主要用作女士服装面料及服装镶边、婴儿斗篷、儿童服装和帽料等。

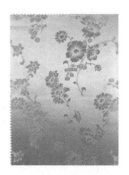

图4-24　素软缎　　　　　图4-25　花软缎

5. 绢

（1）天香绢。天香绢是以桑蚕丝为经、黏胶丝为纬的平纹提花绢类织物。因有两组纬纱，故又称双纬花绸。织物具有绸面细洁雅致、织纹层次较多、质地紧密、轻薄柔软、花纹明亮多彩的特点。天香绢主要用来制作女士服装、儿童斗篷等。

（2）塔夫绸。塔夫绸又称塔夫绢，是一种以平纹组织织制的熟织高档丝织品，如图4-26所示。塔夫绸一般采用纯真丝色织，也可采用人造丝或涤纶长丝，绸面细洁光滑、平挺美观、光泽好，织品紧密、手感硬挺。塔夫绸主要用作女士春秋服装、节日礼服、羽绒服面料等。

6. 绫

（1）真丝绫。真丝绫是用桑蚕丝织制的素色斜纹织物，又称真丝斜纹绸。根据织物平方米重量，分为薄型和中型。根据后加工不同，分为染色和印花两种。真丝绫质地柔软光滑，光泽柔和，手感轻盈，花色丰富多彩，穿着凉爽舒

图4-26　塔夫绸

适，如图4-27所示。真丝绫主要用作夏令衬衫、睡衣、连衣裙面料以及头巾等。

（2）美丽绸。美丽绸又称美丽绫，是黏胶丝平经平纬丝织物，采用三上一下斜纹或山形斜纹组织织制。织坯经练染，织物纹路清晰，手感平挺光滑，色泽鲜艳光亮，如图4-28所示。美丽绸缩水率大，是一种高级的服装里子绸。

图 4-27　真丝绫

图 4-28　美丽绸

7. 绡

真丝绡又称素绡，是以桑蚕丝为经纬，经、纬丝均加一定捻度，以平纹组织织制的丝织物。真丝绡经、纬密均较稀疏，质地轻薄。织坯经半精练（仅脱去部分丝胶）后再染成杂色或印花。绸面透明，手感平挺略带硬性，织物孔眼清晰，如图 4-29 所示。绡主要用作女士晚礼服、结婚礼服兜纱、戏装等。

8. 锦

三色以上的缎纹织物即为锦。织锦缎是在经面缎上起三色以上纬花的中国传统丝织物。花纹多为梅、兰、竹、菊，龙凤吉祥，福寿如意等。织物的花纹精细，质地厚实紧密，缎身平挺，色泽绚丽，属高档丝织物，如图 4-30 所示。锦适合作为旗袍、便服、睡衣、礼服及少数民族节日盛装等高档服用衣料。

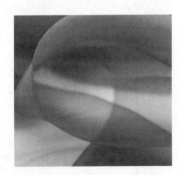

图 4-29　真丝绡

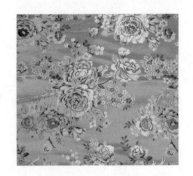

图 4-30　织锦缎

9. 绒

（1）乔其绒。乔其绒是采用桑蚕丝和黏胶丝交织的双层经起绒丝织物，由双层分割形成绒毛。其起绒部分采用有光黏胶丝，而地经地纬均采用强捻桑蚕丝，故具有绒毛耸密挺立、呈顺向倾斜、手感柔软、富有弹性、光泽柔和等特点。乔其绒可经割绒、剪绒、立绒、烂花、印花等整理，得到烂花乔其绒、烫漆印花乔其绒等名贵品种，如图 4-31 所示。绒宜用作女士晚礼服及少数民族礼服等。

（2）金丝绒。金丝绒是以桑蚕丝和黏胶丝为原料交织，用双层织造的经起绒丝织物，地经、地纬采用桑蚕丝，绒经为有光黏胶丝，以平纹为地组织，绒经按一定规律固结于地组织，并在织物表面形成浮长。织物下机后经通割，再经精练、染色、刷绒等加工，使绒毛耸立。金丝绒是一种高档丝织物，手感柔软而富有弹性，绒毛浓密耸立略显倾斜状，如图4-32所示。金丝绒主要用作女士衣、裙及服饰镶边等。

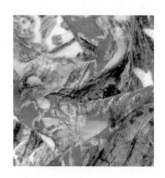

图4-31　烂花乔其绒

图4-32　金丝绒

10. 绨

绨是指用有光黏胶长丝作经、用棉纱或蜡纱作纬，以平纹组织交织的丝织物，质地较粗厚，织纹简洁清晰。纬丝采用丝光棉纱的称为线绨，采用蜡棉纱的称为蜡线绨。绨适合制作秋冬季服装面料或被面等用料。

11. 纱

纱是一种采用绞纹组织，使织物分布均匀纱孔的花、素织物。织物质地轻薄透明，结构稳定，表面有细微的绉纹。纱适用于夏季服装、刺绣等。

12. 罗

罗类织物采用罗组织，使织物纬向构成一系列纱孔，并由各列平行纱孔组成距离各异的条状纱孔花、素织品。呈横纹状的为横罗，呈竖纹状的为竖罗。罗多用于夏季服装、刺绣坯布或其他装饰品。杭罗是罗组织的代表织物。

13. 呢

呢是采用基本组织和变化组织织制而成的丝织物。它是一种粗犷的丝织物，其经、纬丝较粗，织造时使用绉组织，使织物表面呈现分布不匀而稍有凹凸的外观效果，手感柔软厚实，富有弹性，光泽柔和、质地丰厚似呢。

14. 葛

葛是用平纹或斜纹等变化组织织制的丝织物。质地比较厚实，并有明显横菱纹，织物经细纬粗，经密纬疏。经丝多用桑蚕丝或人造丝，纬丝多用棉纱、人造丝及混纺纱。葛一般分素织和提花两类。提花葛是在横菱纹地组织上起经缎花，花型突出，别具风格。葛一般用作春秋服装或冬季棉衣以及坐垫及沙发套等面料。

任务四　毛型面料主要品种及应用

一、毛型织物概述

毛型织物是指以羊毛、兔毛等各种动物毛及毛型化纤维主要原料制成的织品，包括纯纺、混纺和交织品，俗称呢绒。

毛型织物品种非常丰富，将其分类可根据使用原料有全毛织物、含毛混纺织物、毛型化纤织物；根据生产工艺及外观特征有精纺呢绒、粗纺呢绒、长毛绒和驼绒等；根据染整工艺有条染产品、线染产品、匹染产品等。

二、毛型织物主要品种及应用

1. 精纺毛织物

精纺毛织物是由精梳毛纱织造而成。精纺毛织物质地紧密，呢面光洁，织纹清晰，手感柔软，富有弹性，平整挺括，坚牢耐磨，属高档服装面料。主要品种有凡立丁、派力司、华达呢、哔叽、花呢、女式呢、马裤呢、啥味呢等。

（1）凡立丁。凡立丁是采用平纹组织织成的薄型面料，如图4-33所示，纱支较细、捻度较大，经、纬密度在精纺毛织物中最小。凡立丁轻薄挺爽、富有弹性、呢面光洁、织纹清晰、光泽自然柔和、不板不皱。凡立丁多数素色，适宜制作夏季的男女上衣和春、秋季的西裤、裙装等。

（2）派力司。派力司是用平纹组织织成的混色织物，是精纺毛织物中轻薄品种之一。派力司的风格特征是呢面上有独特的混色雨丝条花，并呈现不规则十字花纹，如图4-34所示。派力司质地细洁，轻薄，爽而平挺，光泽自然柔和。品种有全毛派力司、毛涤派力司及纯化纤派力司。派力司适合制作夏季男女西服套装、两用衬衫、旗袍等。

图4-33　凡立丁

图4-34　派力司

（3）华达呢。华达呢为精纺毛织物的主要产品，属中厚型斜纹织物，因经密远大于纬密，呢面呈63°斜纹纹路，斜纹线陡而平直，手感滑糯而厚实，质地紧密而富有弹性，耐磨性好，呢面光洁平整，光泽自然柔和，如图4-35所示。华达呢常用作西服套装、制服等的衣料。

华达呢按组织可以分为单面华达呢、双面华达呢和缎背华达呢。单面华达呢正面斜纹纹路清晰，反面纹路模糊，织物质地滑糯柔软，悬垂性较好，是大众化的西装、套装面料；双面华达呢正反两面均有明显的斜纹纹路，织物质地较厚实，挺括感强，适用于男式礼服、西装等；缎背华达呢正面纹路清晰，反面呈缎纹效果，织物质地厚重，挺括保暖，但易起毛、起球，适合做上衣面料。

（4）哔叽。哔叽是采用二上二下斜纹组织织成，经、纬密接近，纱支较细，织物正面呈现斜纹纹路约45°，纹路较宽，表面平坦。哔叽有光面和毛面两种，光面哔叽纹路清晰，光洁平整；毛面哔叽呢面纹路仍然明显可见，但有短小绒毛。哔叽呢面光泽柔和，手感润滑，有弹性，质地坚牢，纱支条干均匀，美观大方，如图4-36所示。适宜制作春秋季男女各式服装、制服、军装等。

图4-35　华达呢

图4-36　哔叽

（5）啥味呢。啥味呢属精纺服装面料中的风格产品之一，采用混色毛条纺成的精梳毛纱作经、纬纱，以二上二下斜纹组织织成。啥味呢属混色织物，色泽以灰色、咖啡色等混色为主。啥味呢呢面有光面和绒面两种，光面啥味呢无绒毛，纹路清晰，光洁平整，手感滑而挺括；绒面啥味呢光泽自然柔和，底纹隐约可见，手感不板不糙、糯而不烂，有身骨，如图4-37所示。啥味呢适宜制作春秋男女西服、中山装及夹克衫等服装。

（6）花呢。精纺花呢是利用各种精梳染色纱线、花式纱线、装饰纱线做经、纬纱，运用平纹、斜纹、变化斜纹或者其他组织的变化，织成条、格以及各种花型的织物。花呢属精纺毛织物中品种变化最多的面料。常用于服装的花呢面料有以下几种：

①单面花呢：是花呢中最厚的产品，一般采用66支纯毛或混用55%涤纶纺成精梳毛纱织成的斜纹变化组织织物。其呢面具有凹凸条纹或花纹，正反面花纹明显不同，手感厚实，富有弹性。全毛花呢光泽柔和，膘光足；混纺花呢防缩耐磨，成衣保形性好。单面花呢适合制

作西服套装等，尤其高档牙签条花呢是单面花呢的特色品种，深受国际市场欢迎。

②薄花呢：花呢中的轻薄制品，采用平纹组织织成的花呢织物，经、纬纱捻度较大。薄花呢具有质地轻薄、手感滑爽、穿着舒适、挺括的特点，是理想的夏季衬衫、西裤面料。

③中厚花呢：比薄花呢厚重，纱支较粗，一般为斜纹或斜纹变化组织，具有色泽鲜艳、呢面光洁滑润、富有弹性的特点，如海力蒙、格子花呢（图4-38）等均属于中厚花呢类。中厚花呢适合制作春秋装、西服、衣裙等。

图4-37　啥味呢　　　　　　　　　　　　　图4-38　格子花呢

（7）女式呢。女式呢也称女衣呢，是精纺毛织物中松软轻薄型面料。其组织结构丰富，采用的组织有绉组织、斜纹组织及平纹地小提花组织。女式呢具有质地细洁松软、富有弹性、外观花纹清晰、色泽艳丽高雅、品种丰富、适应性强等特点。女式呢适合制作各类女士服装和时装。

（8）直贡呢。直贡呢又称礼服呢，是精纺毛织物中历史悠久的传统高级产品。直贡呢多采用缎纹、变化缎纹、急斜纹组织织制，呢面光滑、质地厚实，表面呈现75°倾斜纹路，光泽明亮美观。直贡呢主要用作高级春秋大衣、风衣、礼服、民族服装等面料。

（9）马裤呢。马裤呢是精纺毛织物中重要的品种，属传统的高级衣料。以三上一下斜纹组织织成的斜纹纹路倾角呈70°左右的急斜纹织物，因其过去常作为骑马狩猎的裤料，故称"马裤呢"。马裤呢具有质地厚实、呢面光洁、正面斜纹粗壮、反面纹路扁平、手感挺实、富有弹性等特点。素色以军绿为主，常用作军用大衣、军装、猎装及男女秋冬外衣等用料，如图4-39所示。

图4-39　马裤呢

2. 粗纺毛织物

粗纺毛织物是用粗梳毛纱纺成，织品一般经过缩绒和起毛处理，故呢身柔软厚实，质地紧密，呢面丰满，表面有绒毛覆盖，不露或半露底纹，保暖性好，适宜做秋冬装。主要品种有麦尔登呢、大衣呢、海军呢、制服呢、女式呢、法兰绒、粗花呢等。

（1）麦尔登呢。麦尔登呢是粗纺毛织物中的主要品种之一，以细支羊毛为原料的重缩绒、不起毛、质地紧密的高档织物。其风格特征是呢面平整细洁，质地紧密，呢面丰满，不露底纹，耐磨性好，不起球，手感挺实而富有弹性，如图4-40所示。

麦尔登呢按原料不同分为纯毛麦尔登呢和混纺麦尔登呢。织物组织一般为斜纹、破斜纹、平纹等。其染色方法有毛染和匹染两种，颜色以藏青、黑色等深色为主，高档麦尔登采用两次缩呢法，低档麦尔登常用一次缩呢法。麦尔登属厚重织物，适合制作冬季服装。

（2）海军呢。海军呢是以二上二下斜纹组织织成，有全毛与毛混纺产品，毛混纺产品的原料含毛70%~75%，化纤25%~30%。海军呢经重缩绒加工，具有质地紧密、呢面平整、手感挺立、有弹性、不露底、耐磨性好及色光鲜艳等特点，其多染成海军蓝、军绿及深灰色。海军呢主要用于海军制服、海关人员工作服等，也可用作秋冬季各类外衣面料。

（3）制服呢。制服呢属重缩绒，不起毛或轻起毛，经烫蒸整理的呢面织物，其呢面匀净、平整，无明显露纹，不易起毛、起球，质地较紧密，手感不糙硬，如图4-41所示。按原料分有纯毛制服呢和混纺制服呢。颜色为素色匹染，深色为主。制服呢适合制作秋冬季大衣、制服、外套等。

图4-40 麦尔登

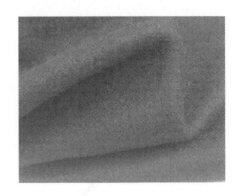

图4-41 制服呢

（4）大衣呢。大衣呢是粗纺呢绒中较高档的品种。大衣呢的基本特点是质地厚实，保暖性强。其典型品种有平厚大衣呢、立绒大衣呢、顺毛大衣呢、拷花大衣呢、银枪大衣呢等品种。

①平厚大衣呢，采用加强斜纹组织或其他变化组织，经洗呢、缩绒、拉毛、剪毛等工艺整理而成。呢面有细密绒毛，平整匀净，不露底纹，手感厚实，不板硬，耐起球。平厚大衣呢主要用作各式男女长短大衣、套装等面料。

②立绒大衣呢，大衣呢类的重要品种之一，所用原料为毛、黏胶纤维、锦纶和腈纶等。立绒大衣呢是经过缩绒、重起毛、剪毛等工艺的绒面织物，织物表面具有一层耸立、浓密的绒毛，绒毛密、立、平、齐，绒面丰满匀净，手感柔软丰厚，有身骨，有弹性，不松烂，光泽柔和，如图4-42所示。立绒大衣呢主要用作女士长短大衣、童装、套装等面料。

③顺毛大衣呢，经缩绒、起毛的绒面织物，所用的原料为毛纤维、黏胶纤维、腈纶等。顺毛大衣呢的绒毛顺密整齐均匀，毛绒均匀倒伏，不松乱，光泽好，膘光足，手感柔软，不脱毛，具有较好的穿着舒适性和高档感，如图4-43所示。顺毛大衣呢适合用作女士长短大衣、时装及男装大衣、外套等面料。

④拷花大衣呢，拷花大衣呢是大衣呢中比较厚重而高档的产品。呢面毛茸丰满，呈有人字或波浪形凹凸花纹，手感厚实富有弹性。拷花大衣呢主要用于冬季男女大衣的高档面料。

图4-42　立绒大衣呢

图4-43　顺毛大衣呢

（5）粗花呢。粗花呢是花色品种繁多的粗纺毛织物，常用两种或以上色纱合股织成平纹、斜纹或各种变化组织织物，具有花纹丰富、质地粗厚、结实耐用、保暖性好等特点，如图4-44所示。粗花呢适合制作套装、短大衣、西装、上衣等。

（6）法兰绒。法兰绒是粗纺呢绒类传统品种之一，以细支羊毛织成的毛染混色产品。法兰绒织物采用平纹或斜纹组织织成，并经缩绒、拉毛处理。织物表面有绒毛覆盖，半露底纹，丰满细腻，混色均匀，手感柔软而富有弹性，身骨较松软，保暖性好，穿着舒适，如图4-45所示。法兰绒主要用于制作春、秋、冬各式男女服装。

图4-44　粗花呢

图4-45　法兰绒

（7）学生呢。学生呢又称大众呢，是经缩呢、起毛的呢面织物，常用原料配比为品质支数 60 支羊毛或二级以上羊毛 20%～30%，精梳短毛或再生毛 30%～50%，黏胶纤维 20%～30%。混纺纱线密度为 83.3～125tex，克重为 400～520g/m²。织物组织常用斜纹或破斜纹。学生呢风格特征为呢面细洁、平整、均匀，基本不露底，质地紧密，手感挺实而有弹性，且具有一定保暖性。学生呢适合用作秋冬季学生校服、各种职业服、便服等中低档服装面料。

思考与练习

1. 比较棉型织物中斜纹布、卡其和牛仔布的异同点。

2. 比较棉型织物中平布和府绸的异同点。

3. 试述织物形成泡泡的方法。

4. 简述麻纱、灯芯绒和绒布的风格特征。

5. 列举三种麻混纺或交织织物，并阐述其特点。

6. 简述苎麻织物的特点及用途。

7. 丝型织物按组织结构和外观特征如何分类？

8. 试比较双绉和乔其纱的异同点。

9. 收集五种不同的丝型织物，分析其特点及用途。

10. 简述精纺毛织物和粗纺毛织物的特点，分别列举三种常用织物品种。

11. 试比较凡立丁和派力司的异同点。

12. 试比较华达呢、哔叽和啥味呢的异同点。

13. 试比较麦尔登、制服呢和海军呢的异同点。

项目五　针织面料、毛皮与皮革面料及应用

课题名称：针织面料、毛皮与皮革面料及应用

课题内容：1. 针织面料主要品种及应用

　　　　　2. 毛皮、皮革主要品种及应用

课题时间：4 课时

教学目标：1. 掌握针织面料、毛皮和皮革面料主要品种的特征及其在服装中的应用。

　　　　　2. 正确识别和选用针织面料、毛皮和皮革面料主要品种。

教学重点：针织面料、毛皮和皮革面料主要品种；针织面料、毛皮和皮革面料等在服装中的应用。

教学方式：1. 讲授法

　　　　　2. 讨论法

任务一 针织面料主要品种及应用

一、纬编针织面料主要品种

（一）汗布

汗布是以纬平针组织织制，质地轻薄，布面光洁细密，纹路清晰，正反两面具有不同的外观，纵、横向具有较好的延伸性，吸湿、透气性较好，但有脱散性和卷边性，有时还会产生线圈歪斜现象。常见的汗布有漂白、特白、烧毛、丝光、素色、印花、彩条等品种，如图 5-1 所示。

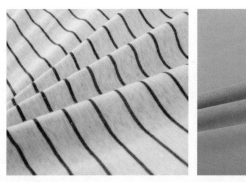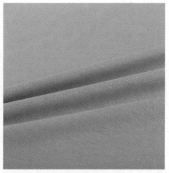

图 5-1 汗布

1. 纯棉汗布

纯棉汗布是用棉纱线编织的汗布，吸湿透气性好，柔软舒适。纯棉汗布适合制作背心、内裤、圆领衫、睡衣裤、婴儿装等。

2. 真丝汗布

真丝汗布是用蚕丝编织的纬平针织物，富有天然光泽，手感柔软滑爽，有良好的吸湿性和悬垂性，穿着贴身舒适。真丝汗布适合制作夏季衣衫、内衣等。

3. 腈纶汗布

腈纶汗布是用腈纶纱线编织的纬平针织物，弹性好，手感柔软，易洗、快干、洗涤后不变形，但吸湿性不佳，耐磨性差，易产生静电而吸附灰尘。腈纶汗布适合制作汗衫、运动衣裤等。

4. 莫代尔汗布

莫代尔汗布是用莫代尔纤维编织而成的纬平针织物，布面平整、细腻、光滑，手感柔软，吸湿性能、透气性、悬垂性好，穿着舒适。莫代尔汗布是理想的贴身织物和保健服饰产品，有利于人体生理循环和健康，大多用作内衣面料。

除此之外，还有天丝汗布、涤纶汗布、苎麻汗布和涤/麻等汗布。

（二）罗纹布

罗纹布是以罗纹组织织制的针织物，织物正反两面均有清晰的直条纹，根据正反面线圈纵行的组合不同而形成各种宽窄不同的纵向凹凸条纹外观。罗纹布具有良好的弹性，尤其是横向具有较大的弹性和延伸性，无卷边现象，逆编织方向脱散，如图5-2所示。罗纹布常作为服装的领口、袖口和下摆用料，也用于制作内衣、羊毛衫等，如图5-3所示。

图5-2 罗纹布　　　　　　　　　　图5-3 罗纹毛衫

（三）双反面针织面料

双反面针织面料由正面线圈横列和反面线圈横列相互交替配制而成。根据组合形式的不同可以形成风格多样的横向凹凸条纹，如图5-4所示。双反面针织面料比较厚实，纵向弹性和延伸性较大，不卷边，会顺、逆编织方向脱散。双反面针织面料主要用于制作婴儿服装、手套、袜子、羊毛衫等，如图5-5所示。

图5-4 双反面针织面料　　　　　　图5-5 双反面毛衫

（四）棉毛布

棉毛布泛指采用双罗纹组织的针织面料，因其主要用于棉毛衫裤，故称棉毛布。织物表面平整，不卷边，脱散性小，正反面外观相同，纵向凹凸纹路清晰。织物弹性和横向延伸性较好，厚实保暖，结实耐穿。用棉纤维、黏胶纤维、大豆纤维、彩棉纤维、莫代尔、竹纤维等原料制成的棉毛布，由于亲肤性较好，保暖透气，常被用作春、秋、冬三季内衣、棉毛衫裤、运动及外衣面料，如图5-6所示。

（五）珠地网眼

珠地网眼是利用线圈与集圈悬弧交错配置，形成网孔，又称珠地织物。由于面料表面有排列均匀整齐的凹凸效果，和皮肤接触的面在透气性和散热性，以及排汗的感觉舒适度上优于普通的单面汗布组织，一般常用作T恤、运动服等，如图5-7所示。

图5-6　棉毛布　　　　　　　　　　图5-7　珠地网眼

（六）涤盖棉

涤盖棉是由两种原料交织而成的针织物，正面是化学纤维，反面是天然纤维。通常以涤纶纤维为正面，棉纤维为反面，涤盖棉面料外观挺括、抗皱、耐磨、坚牢、色牢度好，内层柔软、吸湿、透气、静电小，集涤纶针织物和棉针织物的优点于一体。涤盖棉适合制作衬衣、运动服、健美裤等，如图5-8所示。

（七）毛圈布

毛圈布是指织物的一面或两面有环状纱圈（又称毛圈）覆盖的针织物。毛圈布的特点是手感松软，质地厚实，有良好的吸水性和保暖性。毛圈针织物可分单面毛圈、双面毛圈、提花毛圈布等，用于制作浴衣、睡衣、运动衫和家用纺织品等，如图5-9所示。

图5-8　涤盖棉　　　　　　　　　　图5-9　毛圈布

（八）起绒针织布

起绒针织布的表面呈现一层稠密短细的绒毛而看不见织纹，具有一定的弹性和延伸性，手感柔软，质地丰厚，轻便保暖，穿着舒适，有单面绒和双面绒两种。单面绒由衬垫组织的针织坯布反面经拉毛处理而形成，正面是纬平组织的外观，反面呈现一层稠密短细绒毛，可分为细绒、薄绒和厚绒；双面绒则是在双面针织物的两面进行起毛整理而成的。起绒针织物的底布一般用棉纱、棉混纺纱、涤纶纱或涤纶丝，起绒纱用较粗、捻度较低的棉纱、腈纶纱、毛纱或混纺纱。根据起绒针织面料的薄厚可以制作运动衫裤以及春、秋、冬季绒衫裤、外衣等。

1. 天鹅绒

天鹅绒是长毛绒针织物的一种，织物表面由直立的纤维或纱形成的绒面所覆盖。一般采用涤纶长丝、锦纶长丝、涤/棉混纺纱做地纱，用棉纱、涤/棉混纺纱等短纤纱做起绒纱。天鹅绒高贵华丽，手感柔软、厚实，色泽柔和，悬垂感强，不易起皱，如图5-10所示，天鹅绒多用于制作礼服、旗袍、外衣、舞台服装、帽子和家用装饰物等。

2. 珊瑚绒

珊瑚绒是色彩斑斓、覆盖性好、呈珊瑚状的纺织面料。珊瑚绒是一种新型面料，质地细腻，手感柔软，不起球，稍微掉毛，对皮肤无任何刺激，外形美观，颜色丰富，如图5-11所示。

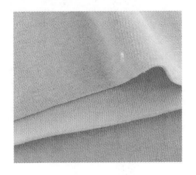

图5-10 天鹅绒

图5-11 珊瑚绒

3. 摇粒绒

摇粒绒由大圆机编织而成，织成后坯布先经染色，再经拉毛、梳毛、剪毛、摇粒等多种复杂后整理工艺加工处理。面料正面拉毛，摇粒蓬松密集而又不易掉毛、起球，反面拉毛稀疏匀称，绒毛短少，组织纹理清晰、蓬松弹性好，手感柔软，保暖性好。面料一般采用涤纶纱编织，有单面、双面摇粒绒，印花、抽条、提花、压花摇粒绒。摇粒绒适宜制作手套、围巾、帽子保暖服装和床上用品等冬季御寒用品，如图5-12所示。

图5-12 摇粒绒

二、经编针织面料主要品种

（一）经编网眼织物

经编网眼织物是在织物结构中产生一定有规律网眼的针织物。网眼大小、形状变化范围大，小到每个横列上都有孔，大到十几个横列上只有一个孔，孔眼形状有方形、圆形、菱形、六角形、矩形、波纹形等。经编网眼织物用纱范围很广，基本上所有的原料都可采用。该面料结构较稀松，孔眼分布均匀，有一定的延伸性和弹性，透气性好，如图5-13所示。经编网眼织物主要用于制作男女外衣、内衣、运动服、蚊帐、窗帘等。

（二）经编弹力织物

经编弹力织物是指有较大伸缩性的经编针织物，编织时加进弹力纱并使之保持一定的弹力和合理的伸长度（图5-14）。目前广泛使用氨纶弹力纱和氨纶弹力包芯纱织制。该织物质地轻薄光滑，用其缝制服装可进一步显示形体曲线，使运动舒展轻巧，所以常用于制作游泳衣、体操服、滑雪服和其他紧身衣。用不同线密度的氨纶弹力纱编织的经编弹力织物还可以制作军用带、医用卫生带和体育护身用品等。

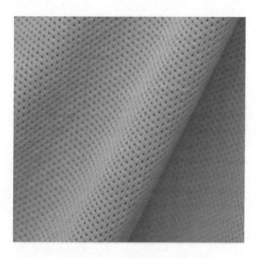

图5-13 经编网眼织物

图5-14 经编弹力织物

（三）花边织物

花边织物是由衬纬纱线在地组织上形成较大衬纬花纹的针织物，地组织多为六角网眼结构和矩形网眼结构。织物质地轻薄，手感柔软，富有弹性，挺括，悬垂性好，装饰感强，如图5-15所示。花边织物主要用作内衣裤、外衣、礼服、童装的装饰料。

（四）经编提花织物

经编提花织物是采用经编提花组织编织的织物。经染整加工后，面料布面结构稳定，外观挺括，表面凹凸效果显著，立体感强，花型多变，外形挺括，悬垂性能好，如图5-16所示。经编提花织物主要用作妇女外衣、内衣、裙料及各种装饰用品面料。

图 5-15　花边织物　　　　　　　　　　图 5-16　经编提花织物

（五）经编毛圈织物

经编毛圈织物结构稳定，外观丰满，毛圈坚牢、均匀，具有良好的弹性、保暖性、吸湿性，布面柔软厚实、无折皱、不会产生抽丝现象、有良好的服用性能，主要用作装饰、睡衣裤、运动服、海滩服、毛巾、床单、床罩、浴巾等用料。经编毛圈织物如果在后整理加工中把毛圈剪开，可制成经编天鹅绒类织物，作为中高档服装和装饰用布。

任务二　毛皮、皮革主要品种及应用

一、天然毛皮

经鞣制加工后的动物毛皮称为裘皮或皮草，裘皮是防寒服装理想的材料。天然毛皮花纹自然，绒毛丰满、密集，皮板密不透风，毛绒间的静止空气可以增强保暖性，故有柔软、保暖、透气、吸湿、耐用、华丽高贵的优良特性；缺点是耐热性不强，毛被具有成毡性，且易于产生霉变和虫蛀，不易打理和保管。天然毛皮既可做面料，又可充当里料和絮料。

（一）天然毛皮的构造

天然毛皮是由毛被和皮板组成的。毛被由针毛、绒毛和粗毛构成。针毛数量少，较长且呈针状，有较好的弹性，可影响毛皮的外观毛色和光泽；绒毛数量多，短而细密，呈卷曲状，主要起保暖作用，绒毛的密度和厚度越大，毛皮的防寒性能越好；粗毛的数量和长度介于针毛和绒毛之间，毛多呈弯曲状态，具有防水和保护绒毛的作用，同时能表现外观毛色和光泽。

皮板是由表皮层、真皮层和皮下层组成的。表皮层较薄，主要起保护动物体免受外来伤害的作用，其牢度很低，制革时需除去。真皮层是原料皮的主要组成部分，也是鞣制成皮革的部分，决定了毛皮的结实、强韧程度和弹性的好坏。皮下层主要成分是脂肪，制革时需除去，以防止脂肪分解时对毛皮产生损害。

（二）天然毛皮的种类

毛皮主要来源于动物毛皮，根据毛被的长短、皮板的厚薄及外观质量，可分为小毛细皮、大毛细皮、粗毛皮和杂毛皮。

1. 小毛细皮

小毛细皮属高级毛皮，毛短、细密、柔软而富有光泽，主要适合制作长短大衣、皮领、披肩和围脖等。小毛细皮主要包括紫貂皮、水獭皮、扫雪皮、黄鼬皮、艾虎皮、灰鼠皮、旱獭皮、水貂皮等。

（1）紫貂皮。紫貂皮又称黑貂皮，野生紫貂呈黑褐色或灰褐色，人工养殖的紫貂有黑、白、蓝、黄等颜色（图5-17）。其毛被细且柔软，底绒丰富，质轻坚韧，御寒性能极好。紫貂皮主要用于制作男女大衣或其他服饰品。

（2）水貂皮。水貂皮皮板紧密，强度高，针毛光亮、富有弹性，绒毛丰厚细密，属小型珍贵细皮（图5-18），经鞣制后适宜制作翻毛大衣、皮帽、皮袖等。

图5-17　紫貂

图5-18　水貂

（3）扫雪皮。扫雪又称岩貂、石貂（图5-19），体形比紫貂稍大，也属于较大型的貂类。扫雪皮针毛锋尖长而粗，光泽好，皮板坚韧轻薄，绒毛丰厚，是珍贵毛皮品种。

（4）黄鼬皮。黄鼬俗名黄鼠狼、黄狼（图5-20），背部毛为棕褐色或棕黄色，腹色稍浅，尾毛蓬松，针毛锋尖细软，有较好的光泽，绒毛短小稠密，整齐的毛峰和绒毛形成明显的两层，皮板坚韧厚实，防水耐磨。黄鼬皮适合制作女士服装。

图5-19　石貂

图5-20　黄鼠狼

（5）水獭皮。水獭又叫水狗（图5-21），毛皮中脊呈褐色，肋和腹色较浅。水獭皮的特点是针毛锋尖粗糙，缺乏光泽，没有明显的花纹和斑点，但拔掉粗针毛后，下面的底绒稠密、细腻、丰富、均匀，不易被水浸透，属针毛劣而绒毛好的皮种，有丝状的绒毛和富有韧性的皮板。水獭皮多用于制作长短大衣、毛皮帽等。

图5-21 水獭

2. 大毛细皮

大毛细皮是毛长、张幅大的高档毛皮。大毛细皮主要包括狐皮、貂子皮、猞猁皮和狸子皮，常用来制作帽子、长短大衣和斗篷等。

（1）狐狸皮。狐狸生活于世界各地（图5-22），狐狸皮的皮板、毛被、颜色、张幅等因地而异。狐狸皮是毛皮时装中选用最多的毛皮之一，狐狸皮品质较好，毛细绒厚，皮板厚软，御寒能力强，色泽美丽，属高级毛皮。狐狸皮多用于制作女用披肩、围巾、外套、斗篷等。

（2）貂子皮。貂子又称狗獾（图5-23），脊部呈灰棕色，有间接竹节纹。貂子皮的特点是针毛的锋尖粗糙散乱，颜色不一，暗淡无光，但拔掉针毛后透出绒毛，绒毛细密，优雅美观，皮板厚薄适宜，拔掉针毛后的貂皮称貂绒皮。

图5-22 狐狸

图5-23 貂子

3. 粗毛皮

粗毛皮是指毛长、张幅较大的中档毛皮，可用来制作帽、长短大衣、马甲、衣里等。

（1）羊皮。

①羔羊皮。羔羊毛皮毛被花弯绺絮多样。例如，滩羔皮毛绺多弯，呈萝卜丝状，色泽光润，皮板绵软；湖羊羔皮毛细而短，毛呈波浪形，卷曲清晰，光泽如丝，毛根无绒，皮板轻软；陕北羔皮毛被卷曲，光泽鲜明，皮板结实耐用；青种羊羔皮又称草上霜，毛被无针毛，整体是绒毛，毛长9~15mm，毛性下扣，左右卷成螺旋状圆圈，每簇毛中心形成微小侧孔隙，

绒毛碧翠，绒尖洁白，如青草上覆上一层霜，是一种奇异而珍贵的毛皮。

②绵羊皮。绵羊皮属中档毛皮，绵羊的毛被特点是毛呈弯曲状，黄白色，皮板结实柔软，不同种类的绵羊皮各有其特色。蒙古羊皮板厚，张幅大，含脂多，纤维松弛，毛被发达，毛粗直；西藏羊毛长绒足，花弯稀少，弹性大，光泽好；新疆细羊毛皮板厚薄均匀，纤维细致，毛细密多弯，弹性和光泽好，周身毛同质同量；滩羊毛呈波浪式花穗，毛股自然、花绺清晰、光泽柔和、不板结、皮板薄韧。绵羊皮主要用来做帽、坎肩、衣里、褥垫等。

③山羊皮。山羊毛被特点是半弯半直，皮板张幅大，柔软坚韧。针毛可用以制笔，拔针毛后的绒皮用以制裘；未拔针毛的山羊皮一般用作衣领或衣里；小山羊皮也称为猾子皮，毛被有美丽的花弯，皮质柔软。

（2）狗毛皮。狗毛皮特点是毛厚板韧，皮张前宽后窄，颜色甚多，通过染色通常仿貂皮，一般用在被褥、大衣、帽子上。

4. 杂毛皮

杂毛皮是指皮质稍差、产量较多的低档毛皮，主要有兔皮、猫皮等，可用于制作衣、帽及大衣等。

（1）兔毛皮。兔毛皮属低档毛皮，皮板薄且柔软，毛绒丰厚，色泽光润，针毛脆，耐用性差。兔毛皮可以进行各种剪毛、印花和编结等工艺处理，产生多种外观层次效果，价格比较便宜，因此用于制作时尚女装及童大衣等。

（2）猫皮。猫皮特点是颜色多样，斑纹优美，针毛细腻润滑，毛色浮有闪光，暗中透亮。猫皮鞣后可制作反穿大衣、帽、领、披肩及服饰镶边等。

（三）天然毛皮的品质

原料皮质量包括毛被和皮板两部分。毛被质量更为重要，其质量检测评价以感官鉴定为主，定量分析检测为辅。

1. 毛被的疏密度

毛皮的御寒能力、耐磨性和外观质量都取决于毛被的疏密度，即毛皮单位面积上毛的数量和毛的细度。毛密绒足的毛皮价值高而名贵。

2. 毛被的颜色和色调

毛皮的颜色和色调决定了毛皮的价值，如紫貂皮、猞猁皮均以天然颜色被消费者喜爱。由于毛皮的色调、花纹与其价值紧密相连，因此常将低档皮（如家兔皮、狗皮）进行染色和整理，仿高档的水貂皮和豹皮等。

3. 毛的长度

毛的长度是指毛的平均伸直长度，决定了毛皮的保暖性和毛被的高度，毛长绒足的毛皮御寒效果最好。通常对优良产品评价有毛长且厚密、底绒丰足、细柔、灵活，针毛绒毛俱佳等。

4. 毛被的光泽

毛被的光泽取决于毛的鳞片层的构造、针毛的质量及皮脂腺分泌物的油润程度。根据光泽的强弱，可将毛被分为玻光、丝光、银光和弱光四种。

5. 毛被的弹性

毛被的弹性由原料皮毛被和加工方法所决定。弹性直接影响毛被外观，弹性好的毛被，经挤压或折叠，展开后不留压折痕。

6. 毛被的柔软度

毛被的柔软度取决于毛的长度、细度以及有髓毛与无髓毛的数量之比。从服装的服用要求可以看出，毛皮以柔软为佳。柔软度用手和皮肤触摸毛被来评定。柔软度分为四等：很柔软，如兔毛；柔软，如貂毛；半柔软，如狐狸毛；粗硬，如獾毛。

7. 毛被的成毡性

毛被的成毡现象是毛在外力作用下散乱地纠缠的结果。毛细而长，天然卷曲强的毛被成毡性强。在加工中注意毛皮的保养，防止或减少成毡性，对于提高毛皮的质量是有益的。

8. 皮板的厚度

皮板的厚度决定着毛皮的强度、御寒能力和重量，皮板厚度依毛皮动物的种类而异。同类动物皮板的厚度随动物年龄的增加而增加，雄性动物皮常比雌性动物皮厚。各类动物毛皮的脊背部和臀部最厚，而两肋和颈部较薄腋部最薄。皮板厚的毛皮强度高，重量大，御寒能力强。

9. 毛被和皮板结合的强度

毛被和皮板结合的强度由皮板强度、毛与板的结合牢度、毛的断裂强度所决定。

皮板的强度取决于皮板厚度、胶原纤维的组织特性和紧密性，脂肪层和乳头层的厚薄等因素。用绵羊皮和山羊皮进行比较，绵羊皮毛被稠密，表皮薄，胶原纤维束细，组织不紧密，主要呈平行和波浪形组织；而其乳头层又相当厚，占皮厚的40%~70%，其中毛囊、汗腺、脂肪细胞等相当多，它们的存在造成了乳头层松软以至和网状层分离，所以绵羊皮板的抗张强度较低。山羊皮板的乳头层夹杂物少，松软性小，网状层的组织比绵羊皮紧密，纤维束粗壮结实，因而皮板强度高。

在毛皮的生产加工过程中，由于处理不当还容易造成毛皮成品的种种缺陷，影响毛皮的外观、性能及使用，使毛皮质量下降。在挑选毛皮和鉴定质量时应注意：毛皮是否掉毛、钩毛、毛被枯燥、发黏、皮板僵硬、贴板、糟板、缩板、反盐、裂面等。

二、人造毛皮

人造毛皮是指外观类似动物毛皮的长毛绒型织物，在织物表面形成长短不一的绒毛，具有接近天然毛皮的外观和服用性能。人造毛皮不仅简化了毛皮服装的制作工艺，增加了花色品种，而且价格比天然毛皮低，并容易保管，是很好的裘皮代用品。

（一）人造毛皮的服用性能

目前，多数人造毛皮将腈纶作为毛绒，把棉、黏胶等纤维的机织物及针织物作为底。其优点是质量轻、光滑柔软、保暖、仿真皮性强、色彩丰富、结实耐穿、不霉、不易蛀、耐晒、价廉，可以湿洗；缺点是防风性差，容易产生静电，表面易沾污，绒毛易脱落，且经洗涤后仿真效果逐渐变差。人造毛皮的质量主要由毛绒的整齐、均匀、色泽、花纹、弹性等因素决定，可用来缝制保暖服装，也可用作保暖衬里。

（二）人造毛皮的种类

人造毛皮的生产方法很多，主要有针织人造毛皮、机织人造毛皮和人造卷毛皮。

1. 针织人造毛皮

针织人造毛皮是在针织毛皮机上采用长毛绒组织织成的。长毛绒组织是在纬平针组织的基础上形成，以腈纶、氯纶或黏胶纤维做毛纱，涤纶、锦纶或棉纱为地纱，利用纤维直接喂入，纤维的一部分同地纱编织成圈，纤维端头突出在针织物表面形成毛绒。由于纤维留在针织物表面长短不一，可形成类似于针毛与绒毛的层次结构。这种人造毛皮外观和保暖性相似于天然毛皮，且透气性和弹性均较好，花色繁多，适用性广（图5-24）。针织人造毛皮主要用于制作大衣、衣里、衣领、冬帽、绒毛玩具，也可作室内装饰和工业用。

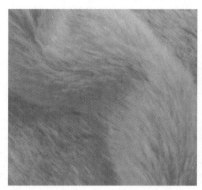

图5-24　针织人造毛皮

2. 机织人造毛皮

机织人造毛皮是采用双层结构的经起毛组织，经割绒后在织物表面形成毛绒，机织人造毛皮构成如图5-25所示。这种人造毛皮绒毛固结牢固，毛绒整齐、弹性好，保暖与透气性可与天然毛皮相仿，但生产流程长，不如针织人造毛皮品种更新快。机织人造毛皮适宜制作冬季女式大衣、冬帽和衣领等。

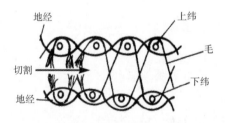

图5-25　机织人造毛皮构成示意图

3. 人造卷毛皮

人造卷毛皮是将织物表面的绒毛加工成卷毛形态，以形成仿羊羔皮外观的人造毛皮。其形成方法有两种：一种是利用胶粘法生产，即在相应的装置下将以黏胶纤维或腈纶为原料的纤维条卷烫加工成人造卷毛，并将卷毛条粘贴在涂有胶液的基布上，最后，经加热滚压和适当修饰即可；另一种是对以涤纶、腈纶、氯纶等化学纤维为原料的针织人造毛皮进行热收缩定型处理而成。人造卷毛皮以黑色和白色为主，表面形成类似天然的花绺花弯，柔软轻便，有独特的风格。人造卷毛皮既可做服装面料，又可作服装填料。

（三）天然毛皮与人造毛皮的区分

天然毛皮与人造毛皮辨别方法，一般可以从以下三方面入手：首先，观察毛皮的底布是皮板，还是机织物或针织物，因为人造毛皮底布大多是针织物或机织物，而天然毛皮是皮板；其次，天然毛皮的毛根粗于毛尖，人造毛皮毛根和毛尖一样粗细；再次，人造毛皮轻于天然裘皮，天然毛皮遇火呈现出天然蛋白质纤维燃烧现象，即烧毛发的气味，而人造毛皮则是化学纤维的燃烧现象。

1. 燃烧法

揪一根毛用火点燃，天然毛皮遇火呈现出天然蛋白质纤维燃烧现象，即烧毛发的气味，而人造毛皮则是化学纤维的燃烧现象。

2. 观察法

拨开毛，看毛与皮的连接部，人造毛皮有明显的经纬纱或布基形状，天然毛皮则是每一根毛囊3~4根毛均匀地分布在皮板上。用手提拉毛被，人造毛皮可以从皮板上稍稍拉起，而天然毛皮拉不动。

3. 对光验毛

人造毛皮一般毛被整齐，毛被光泽较粗糙；而天然毛皮毛被则有针毛、粗毛和绒毛，各种毛的长度、粗细不等，整张皮不同部位色差、长度、密度、手感也均有区别。

三、天然皮革

经过加工处理的光面或绒面动物皮板称为皮革。天然皮革由细微的蛋白质纤维构成，其手感温和柔软，有一定强度，透气性、吸湿性良好，染色坚牢，主要用作服装和服饰品的面料。

（一）天然皮革的种类

1. 按原料皮来源分类

天然皮革按原料皮来源分类，可分为主要有兽皮革、海兽皮革、鱼皮革和爬虫皮革等。

2. 按皮革的外观分类

天然皮革按皮革外观分类，可分为光面革和绒面革。

（二）天然皮革常见品种及特征

1. 牛皮革

牛皮革包括黄牛革（图5-26）、水牛革（图5-27）和小牛革。黄牛革表面毛孔呈圆形，直伸入革内，毛孔细密而均匀，排列不规则，耐磨、耐折，吸湿透气性较好，粒面被磨后光亮度较高，绒面革绒面细密，是优良的服装材料。水牛革厚度较大，组织结构较松散，毛孔粗大，粒面粗糙。小牛皮柔软、轻薄、粒面致密，是制作服装的好材料。

图 5-26　黄牛革

图 5-27　水牛革

2. 猪皮革

猪皮革粒面凹凸不平，毛孔粗大而深，明显的三点组成一小撮，风格独特（图 5-28）。猪皮革透气性优于牛皮，较耐折、耐磨，但皮质粗糙、弹性欠佳。猪皮革一般用于制鞋，通过印花、磨砂等后加工也用在服装上。

3. 羊皮革

羊皮革的原料皮可分为山羊皮和绵羊皮。

山羊皮革皮身较薄，真皮层的纤维皮质较细，在表面上平行排列较多，组织较紧密，因此表面有较强

图 5-28　猪皮革

的光泽，且透气、柔韧、坚牢。粒面毛孔呈扁圆形斜伸入革内，粗纹向上凸，几个毛孔成一组呈鱼鳞状排列，如图 5-29 所示。山羊皮革常用来制作外套、运动上衣等。

绵羊皮革的特点是表皮薄，革内纤维束交织紧密，成品革手感滑润，延伸性和弹性较好，但强度稍差，如图 5-30 所示。绵羊皮广泛用于服装、鞋、帽、手套、背包等制作。

图 5-29　山羊皮

图 5-30　绵羊皮

此外，麂皮革、蛇皮革、鳄鱼皮革等也常应用于服装和服饰用品上。

（三）天然皮革的质量评定

皮革的优劣和适用性，对于皮革服装的选料、用料与缝制关系重大。皮革的质量是由其外观质量和内在质量综合评定的。

1. 外观质量

皮革的外观质量主要是依靠感官检验，包括：

（1）身骨，指皮革整体挺括的程度。手感丰满并有弹性者称为身骨丰满；手感空松、枯燥者称身骨干瘪。

（2）软硬度，指皮革软硬的程度。服装革以手感柔韧、不板硬为好。

（3）粒面细度，指加工后皮革粒面细致光亮的程度。在不降低皮革服用性能的条件下粒面细则质量好。

（4）皮面残疵及皮板缺陷，指由于外伤或加工不当引起的革面病灶。

2. 内在质量

皮革的内在质量主要取决于其化学、物理性能指标，有含水量、含油量、含铬量、pH值、抗张强度、延伸度、撕裂强度、缝裂强度、崩裂力、透气性、耐磨性等。

通常对皮质的选择和使用要求是：质地柔软而有弹性，保暖性强，具有一定的强度，吸湿透气性和化学稳定性好，穿着舒适，美观耐用，染色牢度好，光面服装革要求光洁细致，绒面革则要求革面有短密而均匀的绒毛。

四、人造皮革

人造皮革由于有着近似天然皮革的外观，造价低廉，已在服装中大量使用。早期生产的人造革是用聚氯乙烯涂于织物上制成的，服用性能较差。近年来开发了聚氨酯合成革品种，使人造革的质量获得显著改进。特别是底基用非织造布，面层用聚氨酯多孔材料仿造天然皮革的结构及组成，这样制成的合成革具有良好的服用性能。

（一）人造皮革种类与特点

1. 聚氯乙烯人造革

聚氯乙烯人造革是第一代人造革，用聚氯乙烯树脂、增塑剂和其他辅剂组成混合物后涂覆或黏合在基材上，再经过适当的加工工艺制成。聚氯乙烯人造革同天然皮革相比，耐用性较好，强度与弹性好，耐污易洗，不易燃烧，不吸水，变形小，对穿用环境的适应性强。由于人造革的幅宽由基布所决定，因而比天然皮革张幅大，其厚度均匀，色泽纯而匀，便于裁剪缝制，质量容易控制，但是其透气透湿性能不如天然皮革，因而制成的服装、鞋靴舒适性差。

2. 聚氨酯合成革

聚氨酯合成革是在底布上涂覆一层微孔结构的聚氨酯制成。按底布的类型分非织造布底布、机织物底布、针织物底布和多层纺织材料底布。聚氨酯合成革的性能主要取决于聚合物的类型、涂覆涂层的方法、各组分的组成和底布的结构等。聚氨酯合成革性能优于聚氯乙烯人造革，其服用性能特别是强度、耐磨性、透湿性、耐光性、耐老化性等优于聚氯乙烯人造革，且柔软有弹性，柔韧耐磨，仿真皮效果好，易去污，裁剪、缝纫工艺简便，适用性广，如图 5-31 所示。

3. 人造麂皮

仿绒面革又称为人造麂皮（仿麂皮）。人造麂皮具有天然麂皮般细密均匀的绒面外观，更加柔软轻便，弹性、透气性、耐用性好，质地均匀，花色品种齐全，手感细腻，穿着舒适，环境适应性强，如图 5-32 所示。人造麂皮广泛用于制作鞋、靴、箱包和球类等。

图 5-31　合成革

图 5-32　人造麂皮

（二）天然皮革与人造皮革的辨别

天然皮革与人造皮革尽管在外观上可以很相像，但在服用性能上有一定的差别，具体可用以下方法区分。

1. 视觉鉴别法

天然皮革的正面光滑平整，有毛孔和花纹，并且分布得不均匀。革的反面有明显的动物纤维束，呈毛绒状且均匀分布。天然皮革的切口处颜色一致，侧断面层次清晰细密，可明显看出下层的动物纤维，用手指甲刮拭会出现皮革纤维竖起，有起绒的感觉，少量纤维也会掉落下来。

人造皮革一般表皮无毛孔，微孔贴膜人造革会有毛孔及花纹，但这些毛孔和花纹均不明显，或者有较规则的人工雕刻的迹象。人造皮革反面能看到织物，侧面切口无动物纤维，可见底部的织物纤维及树脂，或从切口处可看出底布与树脂胶两层。人造皮革光泽较天然皮革亮，颜色一般很鲜艳。

2. 手感鉴别法

天然皮革手感柔软，富有韧性，有一定的温暖感，它是由天然不均匀的纤维组织构成，因此形成的折皱纹路也明显不均匀，将皮革正面向下弯折 90° 左右会出现自然皱褶，分别弯折不同部位，产生的折纹粗细、多少，呈现明显不均匀。人造皮革柔软性差，无温暖感，手感像塑料，弯折下去折纹粗细多少都相似，纹路清晰均匀且恢复性较差。

3. 气味鉴别法

天然皮革有一股很浓的皮毛味，即便是一些经加工处理的产品，味道也较明显；而人造皮革产品，则有股塑料的味道，没有天然皮革所发出的特有皮毛味。

4. 燃烧鉴别法

天然皮革燃烧时会发出一股烧毛发的气味，烧成的灰烬一般易碎成粉状；人造皮革燃烧后火焰较旺，收缩迅速，并有股很难闻的塑料味道，烧后发黏，冷却后发硬，变成块状。

5. 吸水鉴别法

天然皮革表面的吸水性较好；而人造皮革则与之相反，有较好的抗水性。

思考与练习

1. 为什么针织面料常用于制作运动服装面料？
2. 列举三种常用的纬编针织面料，试述其特点及用途。
3. 列举三种常用的经编针织面料，试述其特点及用途。
4. 简述天然毛皮与人造毛皮的辨别方法。
5. 简述天然毛皮和人造毛皮的特点。
6. 如何评价天然毛皮的质量？
7. 比较牛皮、羊皮、猪皮的特征。
8. 收集毛皮和皮革各五块，分析其外观特征与服用性能。

项目六　服装辅料

课题名称： 服装辅料

课题内容： 服装辅料及应用

课题时间： 2 课时

教学目标： 1. 掌握各类服装辅料品种和特征。

2. 掌握正确选择服装辅料的方法。

3. 了解服装辅料在服装中的重要性。

教学重点： 服装里料、服装衬垫料的正确选择。

教学方式： 1. 线上线下混合教学

2. 实践法

任务　服装辅料及应用

在服装材料当中，根据材料主次作用，可分为面料和辅料。服装辅料是指除面料以外构成整件服装所需的其他辅助性材料，包括衬料、里料、填充料、线料、连接性材料及装饰性材料等。面料占据整件服装成本的大部分，服装辅料是构成服装整体的重要材料，因此，辅料的功能性、服用性、装饰性、加工性、耐用性、经济性等直接关系到服装的结构、工艺、质量和价格；关系到服装的完美性、实用性及舒适性。因此，在现代服装的设计和生产中，正确选配服装辅料尤为重要。

服装设计得好坏，辅料的选择也是非常关键的，在一定程度上往往会超过面料的实际作用，所以在完成成衣设计选择面料的同时也要考虑到辅料的重要性。

根据服装材料的基本功能和在服装中的使用部分，服装辅料主要包括以下部分，即服装里料、服装絮料、服装衬料、服装垫料、线类材料、紧扣材料、商标及标志和其他材料。

一、服装里料

（一）服装里料概述

服装里料就是服装里子（夹里布），它是指用于部分或全部覆盖服装里面的材料。里料常用于中高档服装，有填充料的服装及面料需要加强支撑的服装，使用里料的服装大多可以提高服装的档次从而增加服装的附加值。

在整个服装设计当中，服装里料外在和内在的质量，影响着服装的使用牢固度，当然在整个成衣设计当中也有一定的作用。

1. 保形性

服装里料给予服装附加的支持力，使服装具有了良好的保形性，减少了服装的变形和起皱，使服装更加挺括平整，达到最佳设计造型效果。

2. 保护服装面料

对服装面料有保护、清洁作用，提高服装耐穿性。服装里料可以保护服装面料的反面不被污染，减少对其的磨损，从而起到保护面料的洁净作用，并延长服装的穿着时间。

3. 增加保暖性

增加服装保暖性能。服装里料可加厚服装，提高服装对人体的保暖、御寒作用。

4. 易于穿脱

由于服装里料大都柔软平整光滑，从而使服装穿着柔顺舒适且易于穿脱。

（二）服装里料分类及特点

1. 分类

服装里料种类较多，分类方法也不同，这里主要介绍以下两种分类方法。

（1）按里料的加工工艺分：活里：由某种紧固件连接在服装上，便于拆脱洗涤。死里：

固定缝制在服装上，不能拆洗。

（2）按里料的使用原料分：棉布类，如市布、粗布、条格布等；丝绸类，如塔夫绸、花软缎、电力纺等；化纤类，如美丽绸、涤纶塔夫绸等；混纺交织类，如羽纱、棉/涤混纺里布等。皮及毛织品类，各种毛皮及毛织物等。

2. 特点

由于里料原料的差异，形成了性能特点的不同，下面分别阐述：

（1）棉布类。棉布里料具有较好的吸湿性、透气性和保暖性，穿着舒适，不易产生静电，强度适中，不足之处是弹性较差，不够光滑，多用于童装、夹克衫等休闲类服装，如图6-1所示。

（2）丝绸类。真丝里料具有很好的吸湿性、透气性，质感轻盈、美观光滑，不易产生静电，穿着舒适，不足之处是强度偏低、质地不够坚牢、经纬纱易脱落，且加工缝制较困难，多用于裘皮服装、纯毛及真丝等高档服装，如图6-2所示。

图6-1　棉布类里料

图6-2　丝绸类里料

（3）化纤类。化纤里料一般强度较高，结实耐磨，抗皱性能较好，具有较好的尺寸稳定性、耐霉蛀等性能，不足之处是易产生静电，服用舒适性较差，由于其价廉而广泛应用于各式中、低档服装，如图6-3所示。

（4）混纺交织类。这类里料的性能综合了天然纤维里料与化纤里料的特点，服用性能都有所提高，适合制作中档及高档服装，如图6-4所示。

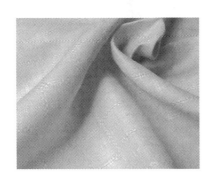
图6-3　化纤类里料

图6-4　混纺交织类里料

（5）毛皮及毛织品类。这类里料最大的特点是保暖性极好，穿着舒适，多应用于冬季及皮革服装。

（三）常用服装里料的选配与运用

服装里料与面料搭配合适与否直接影响服装的整体效果及服用舒适性。因此，在选配里料时要充分考虑以下几个因素：

1. 里料的颜色

人对服装色彩是敏感的，里料的颜色应与面料相协调，尤其是高档服装，里料应与面料相一致或相近。如果里料与面料颜色差异过大，不仅会影响面料的颜色，而且会给人一种凑合、不协调的感觉。通常里料颜色与面料的颜色相近或略浅于面料，并注意里料本身的色差和色牢度，女装里料的颜色不能深于面料的颜色，男装则要求里料、面料尽可能地相近。

2. 里料的缩水率

里料的缩水率应与面料相匹配，缩水率过大的里料应进行预缩处理，并在缝制时留有适量的缩缝量，否则洗涤后易产生底边、袖口不是内卷就是外翘、起皱或拉紧现象。

3. 里料的悬垂性能和质地

里料过于硬挺，会使面料、里料不贴切，服用感不良，易造成衣服起皱。通常里料应轻薄柔软于面料。在质地上，里料与面料的搭配，需要考虑两种材料的档次与厚薄的一致性，如中、高档面料一般采用电力纺、斜纹绸等，中低档面料一般采用羽纱、尼龙绸等。

4. 里料的吸湿透气性能

里料应尽可能选择吸湿透气性能好的织物，以减少穿着后静电的产生，有利于改善服装舒适性能。

5. 里料的服用和加工性能

里料的耐热性能与服用装湿热加工有关，经常需熨烫加工的服装应选择耐热性较好的里料，以免熨烫时损坏里料。

二、服装衬垫料

（一）服装衬料

1. 服装衬料概述

服装衬料又名衬布，是介于服装面料和里料之间的材料。衬料是服装中不可缺少的，具有硬、挺、弹性好的特点，并可以使服装造型更为丰满，特别是现代衬料的应用，可以使服装造型达到一种更为完美的体现，起到拉紧、定型和支撑的作用，完成设计师们的灵感创作。

衬料的作用根据成衣的不同造型，大致可以分为以下几个方面：

（1）便于服装的造型、定形、保形。

（2）增强服装的挺括性、弹性，改善服装立体造型。

（3）改善服装悬垂性和面料的手感，改善服用舒适性。

（4）增强服装的厚实感、丰满感，提高服装的保暖性。

（5）给予服装局部部位加固、补强。

2. 服装衬料分类

根据服装衬料的使用部位、衬布用料、衬的底布类型、衬料与面料的结合方式不同，可以将衬料分为棉衬、麻衬、毛鬃衬、马尾衬、树脂衬、黏合衬等。

（1）棉衬、麻衬。棉衬分为软衬和硬衬两种，采用中、高特棉纱织成本白棉布，不加浆料或加浆料制成。而且常见的棉布衬有粗布和细布衬两种，均为平纹组织；有原色和漂白两种，属于低档衬布。麻衬用麻平纹布或麻混纺平纹布制成，麻纤维刚度大，有较好的硬挺度，是高档的服装衬布，市场上大多数人都在使用麻衬。棉衬、麻衬是较传统也是比较原始的衬布，主要用在西装、大衣中。

（2）毛鬃衬。毛鬃衬也叫毛衬，指的是黑炭衬。黑炭衬多为深灰与杂色，一般为牦牛毛、羊毛、人发混纺或交织而成的平纹组织织物，该衬硬挺而富有弹性，造型性能好，多用作中高档服装的衬布。由于黑炭衬经纱密度较稀，纬纱采用毛纱，因而衬料经向悬垂性好，而纬向有优良的弹性。所以，黑炭衬多用于外衣类服装，并以毛料服装为主，男女西服、套装、制服、大衣、礼服等都要使用黑炭衬。在服装中，黑炭衬一般常用于服装的前身、胸部、肩部、驳头等部位，使服装造型丰满、合体、挺括，如图6-5所示。

（3）马尾衬。马尾衬是由马尾与羊毛交织而成的平纹织物，表面为马尾的棕褐色与本白色相交错，密度较为稀疏，经向贴身悬垂，纬向挺括可伸缩。马尾衬弹性极好，不折皱，挺括、湿热状态下可归拔出设计所需形状，常作为高档服装的胸衬。应用于服装中能产生挺括丰满的造型效果，通常用于制服、大衣、西服等服装的肩、胸等部位，如图6-6所示。

 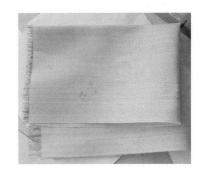

图6-5 黑炭衬   图6-6 马尾衬

（4）树脂衬。树脂衬是用纯棉布或涤棉布经过树脂胶浸渍处理加工制成的衬布，并以平纹组织织成基布，大多数经过漂白或染色整理后浸轧树脂而成。由于树脂、配方及焙烘工艺的不同，树脂衬又分为软、中、硬三种不同手感的衬料。树脂衬硬挺度高，弹性好，缩水率小，耐水洗，尺寸稳定，不易变形，多用于中山装、裤腰头等部位。

（5）黏合衬。黏合衬是以机织物、针织物、非织造布为基布，以一定方式涂热熔胶而制成，因此黏合衬的基本性能主要取决于基布、热熔胶和涂层方式。黏合衬的出现与应用使传统的服装加工业发生了巨大的变革，它简化了服装的缝制工艺，提高了缝制水平，使服装获得轻盈、挺括、舒适、保形等多方面的效果，大大提高了服装的外观质量和内在品质。

①根据不同服装类型对衬料的要求选配：棉布、化纤面料类服装以水洗为多，穿着周期短，有衬部位少，可选用聚酯或聚乙烯类非织造布黏合衬。呢绒类服装如西服大衣、套装以干洗为主，要求有较好的造型保形性，穿用周期长，手感柔软而有弹性，一般选用质量较好的聚酰胺类黏合衬。丝绸类服装手感滑爽，悬垂性好，轻盈飘逸，一般可选配轻薄的非织造布或针织基布黏合衬。

②根据不同部位对衬料的要求选配：前身衣片要求造型饱满挺括，尺寸稳定，手感柔软而有弹性，悬垂性好，一般应选配机织布黏合衬或纬经编基布黏合衬。服装的底边、袖口、脚口等部位应选轻薄的非织造布黏合衬，用作补强的牵带应选薄型的机织布黏合衬。

③根据服装面料的不同特性选配：一般黏合衬总是比面料轻薄些。悬垂性好的面料应选配弹性好、重量轻的非织造布黏合衬。

3. 常用衬料选配

（1）衬料应与服装面料的性能相匹配。衬料的颜色、单位重量、厚度、悬垂性等方面应与服装面料性能相匹配，如法兰绒等厚重面料应使用厚衬料；而丝织物等薄面料则用轻柔的丝绸衬；针织面料则使用有弹性的针织（经编）衬布；淡色面料的垫料色泽不宜深；涤纶面料不宜用棉类衬等。

（2）衬料应与服装不同部位的功能相匹配。硬挺的衬料多用于领与腰头等部位；外衣的胸衬则使用较厚的衬料；手感平挺的衬料一般用于裙、裤的腰头部位以及服装的袖口；硬挺且富有弹性的衬料应该用于工整挺括的造型。

（3）衬料应与服装的使用寿命相匹配。须水洗的服装则应选择耐水洗衬料，并考虑衬料的洗涤与熨烫尺寸的稳定性，确保在一定的使用时间内不变形。

（4）衬料应与制衣生产的设备相匹配。专业和配套的加工设备，能充分发挥衬料辅助造型的特性，因此，选购材料时，结合黏合及加工设备的工作参数，有针对性地选择，能起到事半功倍的作用。

（二）服装垫料

服装垫料是附在面料和里料之间，用于服装造型修饰的一种辅料。垫料在服装上主要用作肩垫、袖山垫、胸垫等，以肩垫最为常见。垫料主要有棉垫、棉布垫、海绵垫，还有用羊毛、化纤等材料制成的垫料。

在服装的特定部位，利用制成的以支撑或铺衬的物品，使该特定部位能够按设计要求加高、加厚、平整、修饰等，使服装穿着达到合体挺拔、美观、加固等效果，这是服装垫料的基本作用。

1. 服装垫料分类

服装使用垫料的部位较多，但最主要的有胸、领、肩三大部位。

（1）胸垫。胸垫又称胸绒、胸衬，主要用于西服、大衣等服装的前胸夹里，可使服装立体感强、挺括、丰满、造型美观、保形性好。早期用作胸垫的材料大多是较低级的纺织品，后来才发展用毛麻衬、黑炭衬作胸垫。随着非织造布的发展，人们开始用非织造布制造胸垫，特别是针刺技术的出现和应用，使生产多种规格、多种颜色、性能优越的非织造布胸垫成为现实。非织造布胸垫的优点是重量轻，裁后切口不脱散，保形性良好，洗涤后不收缩，保温性、透气性、耐霉性好，手感好；与机织物相比，对方向性要求低，使用方便；价格低廉，经济实用。

（2）领垫。领垫又称领底呢，是用于服装领里的专有材料。领垫代替服装面料及其他材料用作领里，可使衣领平展、面、里服帖、造型美观、弹性增加、便于整理定型，洗涤后缩水不走形。领底呢主要用于西服、大衣、军警服及其他行业制服，便于服装裁剪、缝制，适合批量服装的生产。用好的领底呢可提高服装的档次。

（3）肩垫。肩垫又称垫肩，是随着西装的诞生而产生的。肩垫起源于西欧，之后迅速传遍世界各国，并逐步发展。肩垫就其材料来分，有棉及棉布垫、海绵及泡沫塑料垫、羊毛及化纤下脚针刺垫等。目前用得比较多的是针刺肩垫，即各种材料用针刺的方法复合成型而制成的肩垫，多用在西装、制服及大衣等服装上。定型肩垫，即使用 EVA 粉末，把涤纶针刺棉、海绵、涤纶喷胶棉等材料通过加热复合定型模具复合在一起而制成的肩垫，此类肩垫多用于时装、女套装、风衣、夹克衫、羊毛衫等服装上。

2. 服装垫料选配及应用

在选配垫料时要根据造型要求、服装种类、个人体型、服装流行趋势等因素进行综合分析运用，以达到服装造型的最佳效果。同时衬料与面料在单位重量与厚度、尺寸稳定性、悬垂性等方面相匹配。

三、服装填料

服装填料也叫填充材料，是指用于服装面料与里料之间，起保暖（或降温）及其他特殊功能的材料。传统的絮填材料有棉花、羊毛、驼毛、羽绒等。

传统服装絮料的主要作用是保暖御寒，随着科技的进步，新发明不断涌现，赋予了絮填料更多更广的功能，开发了许多新产品，例如，利用特殊功能的絮料以达到降温、保健、防热辐射等的功能性服装，科学地选用保暖填料并合理选择用量对于冬季服装的设计、制作十分重要。按照填充材料的保暖原理，可以将服装填料分为积极保暖和消极保暖两大类别。所谓消极保暖填料可以阻止或减少人体热量流失，而积极保暖填料除此之外还具备吸取外部热量的功效。

（一）服装填料分类

按照填料的形态，可分为絮类填料和材类填料两大类。絮类填料是指未经纺织的纤维或羽绒等絮状的材料，因其没有一定的形状，所以使用时要配置夹里。絮类填料主要有棉絮、丝绵、羽绒（鸭绒、鹅绒）、骆驼绒、羊绒等。材类填料是由纤维纺织而成的絮片状材料，它有固定的外形，可根据需要进行裁剪，使用时可不用夹里。材类填料主要有驼绒、长毛绒、毛皮、泡沫塑料和化学纤维絮片等。

1. 絮类填料

（1）棉絮。棉絮是用剥桃棉或纺织厂的落脚棉弹制而成。棉絮多用于制作棉袄、棉裤、棉大衣、棉被、棉坐垫等，如图 6-7 所示。

（2）丝绵。丝绵是用蚕丝或剥取蚕茧表面的乱丝经整理而成。丝绵的用途同棉絮。丝绵比棉絮的密度要轻，因丝绵纤维长，弹性好，故价格也高，如图6-8所示。

图6-7　棉絮　　　　　　　　　　　　　　　　图6-8　丝绵

（3）羽绒。羽绒俗称"绒毛"，通常有鸭绒（图6-9）、鹅绒（图6-10）。鸭绒是经过消毒的鸭绒毛，它具有质轻与保暖能力强的特点，主要用来制作鸭绒衣服、背心、裤子以及被子等。鹅绒是经过加工处理的鹅绒毛，鹅绒具有质轻细软的特点。

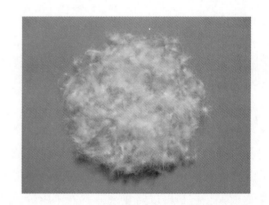

图6-9　鸭绒　　　　　　　　　　　　　　　　图6-10　鹅绒

（4）骆驼绒。骆驼绒是直接从驼毛中挑选出来的绒毛，可以直接用来絮衣服。它具有质轻、保暖性好的特点，而且保暖效果比棉絮好。

（5）山羊绒。山羊绒是从山羊毛中梳选出来的绒毛，可以直接用来絮衣服。它具有手感柔软、质轻保暖性好的特点。

2. 材类填料

材类填料大多是化学纤维絮片如图6-11所示。化纤絮片主要有中空涤纶短纤维絮片、腈纶短纤维絮片、氯纶短纤维絮片等。絮片具有保暖性强、厚薄均匀、质地轻软、使用方便的优点。由于材类填料可以直接按照规格尺寸裁剪，因此制作简单，适宜大批量生产。

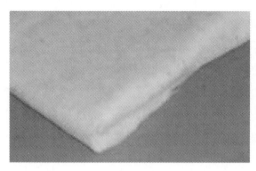

图 6-11 絮片

（二）常用填料运用及选配

常见的天然絮类填料，棉絮质地柔软、保暖性好、亲肤舒适，常用于棉衣、棉裤以及棉大衣等的制作。品质好的棉絮洁白有光泽，绒毛整齐，外形匀称，且手感舒适，具备较强的吸湿性和抗静电、抗污性。羽绒是羽绒服、羽绒裤的常用填充材料，也是保暖性能最好的天然材料。鸭绒是最常见的羽绒填充物，分为白鸭绒、灰鸭绒等。品质好的羽绒制成的羽绒服饰收缩性能较大，可以缩小至比较小的体积。相较于羽绒，羊毛、羊绒、驼绒等材质的填料更加高档。羊绒密度较大、较为蓬松，其导热系数相对较小，因此保暖效果极佳。

在选配絮料时，主要根据服装设计款式、种类用途及功能要求的不同来选择适应的厚薄、材质、轻重、热阻、透气透湿、强力、蓬松收缩性能的絮料，必要时还可对絮料进行再加工以适应服装加工的需要。

四、服装线类材料

（一）服装用缝纫线分类及特点

缝纫线是指缝合纺织材料、塑料、皮革制品和缝钉书刊等用的线。缝纫线具备可缝性、耐用性与外观质量的特点。缝纫线因其材料的不同大体上分为天然纤维型、合成纤维型、混合型三种；缝纫线的特点也因其材料的不同具有其独特的性能。

1. 天然纤维缝纫线

天然纤维缝纫线常用的是棉缝纫线。棉缝纫线是以棉纤维为原料经炼漂、上浆、打蜡等工序制成的缝纫线。棉缝纫线又可分为无光线（或软线）、丝光线和蜡光线。棉缝纫线强度较高，耐热性好，适于高速缝纫与耐久压烫，主要用于棉织物、皮革及高温熨烫衣物的缝纫。缺点是弹性与耐磨性较差。

2. 合成纤维缝纫线

（1）涤纶缝纫线。涤纶缝纫线是目前用得最多、最普及的缝纫线，以涤纶长丝或短纤维为原料制成。涤纶缝纫线具有强度高、弹性好、耐磨、缩水率低、化学稳定性好的特点，主要用于牛仔、运动装、皮革制品、毛料及军服等的缝制。要注意的是，涤纶缝线熔点低，在高速缝纫时易熔融，堵塞针眼，导致缝线断裂，故需选用合适的机针。

（2）锦纶缝纫线。锦纶缝纫线由纯锦纶复丝制造而成，分长丝线、短纤维线和弹力变形线三种，目前主要品种是锦纶长丝线。它的优点在于延伸度大、弹性好，其断裂瞬间的拉伸长度高于同规格棉线的三倍，因而适合于缝制化纤、呢绒、皮革及弹力等服装。锦纶缝纫线最大的优势在于透明，由于此线透明，和色性较好，因此降低了缝纫配线的困难，发展前景广阔。不过限于目前市场上透明线的刚度太大，强度太低，线迹易浮于织物表面，加之不耐高温，缝速不能过高，因此目前这类线主要用在贴花、缲边等不易受力的部位。

（3）维纶缝纫线。维纶缝纫线由维纶纤维制成，其强度高，线迹平稳，主要用于缝制厚实的帆布、家具布、劳保用品等。

（4）腈纶缝纫线。腈纶缝纫线由腈纶纤维制成，主要用作装饰线和绣花线，纱线捻度较低，染色鲜艳。

3. 混合缝纫线

（1）涤/棉缝纫线。涤/棉缝纫线采用65%的涤纶和35%的棉混纺而成，兼有涤和棉两者的优点。涤/棉缝纫线既能保证强度、耐磨、缩水率的要求，又能克服涤纶不耐热的缺陷，适合高速缝纫，可用于全棉、涤/棉等各类服装。

（2）包芯缝纫线。包芯缝纫线是以长丝为芯，外包覆天然纤维而制得的缝纫线。包芯缝纫线的强度取决于芯线，而耐磨与耐热取决于外包纱。因此，包芯缝纫线适合高速缝纫以及需要较高缝纫牢固的服装。

（二）服装用缝纫线的选配及应用

评定缝纫线质量的综合指标是可缝性。可缝性表示在规定条件下，缝纫线能顺利形成良好的线迹，并在线迹中保持一定机械性能的能力。在确保可缝性的同时，缝纫线也需要正确地应用，做到这一点，应遵循以下原则：

1. 与面料配伍

缝纫线与面料的原料相同或相近，才能保证其缩率、耐热性、耐磨性、耐用性等的统一，避免线、面料间的差异而引起外观皱缩。缝纫线粗细应与面料厚薄、风格相适宜，色泽与面料要一致，除装饰线外，应尽量选用相近色，且宜深不宜浅。

2. 与服装种类一致

对于特殊用途的服装，应考虑特殊功能的缝纫线，如弹力服装需用弹力缝纫线，消防服需用经耐热、阻燃和防水处理的缝纫线。

3. 与线迹形态协调

服装不同部位所用线迹不同，缝纫线也应随其改变，如包缝需用蓬松的线或变形线，双线线迹应选择延伸性大的线，裆缝、肩缝线应坚牢，而扣眼线则需耐磨。

五、服装扣紧材料

（一）服装扣紧材料概述

服装扣紧材料是指服装上具有封闭、扣紧功能的材料。

扣紧材料除了自身所具备的封闭、扣紧作用外，其装饰性也是不容忽视的，尤其在当今服装潮流趋于简约的背景下，扣紧材料的装饰作用愈发明显和突出，常常起"画龙点睛"的作用，是极其重要的服装辅料之一。它在服装中的应用也相当广泛。

（二）扣紧材料分类

扣紧材料主要由纽扣、拉链、绳带、挂钩及搭扣组成。

1. 纽扣

纽扣是较早专用于服装的扣紧材料，目前市场上的纽扣种类繁多，主要品种有以下几种：

（1）合成材料纽扣。合成材料纽扣具备良好的耐磨性、耐化学性和染色性，色泽鲜艳、花色繁多、价格低廉，不足之处是易污染环境、耐高温性较差。例如，树脂纽扣、ABS注塑及电镀纽扣、尼龙纽扣、仿皮纽扣及其他塑料纽扣均属此类。

（2）天然材料纽扣。天然材料纽扣具备天然材质的光泽、质地和纹理，装饰效果自然高雅。例如，贝壳纽扣、木纽扣、毛竹纽扣、椰壳纽扣、金属纽扣、宝石纽扣、陶瓷纽扣等。

（3）组合纽扣。组合纽扣是由两种或两种以上不同材料通过一定的加工方式组合而成的纽扣，装饰性和功能性更加突出，已成为流行数量最多的纽扣品种。例如，ABS电镀—尼龙件组合（或电镀金属、树脂件组合）、金属—树脂件组合等均属此类。

2. 拉链

拉链是一个可重复拉合、拉开，由两条柔性的、可互相啮合的单侧牙链组合而成的直接件。根据不同的设计要求，加上它快速、简便、安全等性能，在服装中的应用相当广泛。因拉链组成材质的差异，主要分为以下三类：

（1）金属拉链。金属拉链的优点是耐用、庄重、高雅、装饰性强；缺点是链牙较易脱落或移位，价格较高。主要应用于中高档夹克衫、牛仔装、皮衣、防寒服等。

（2）树脂拉链。树脂拉链的优点是耐磨、抗腐蚀、色泽艳丽；缺点是链牙颗粒较大、较粗。主要应用于质地厚实的外衣、工作服、童装、部队作训服等。

（3）尼龙拉链。尼龙拉链的优点是耐磨、轻巧、弹性好、色泽鲜艳。主要应用于质地轻薄的各式服装，如童装、女装等。

3. 绳带

服装中的绳带除了起固紧作用外，还具较强的装饰性。装饰性的绳带可做服装、鞋帽的扣紧件和装饰件，例如，可根据款式需要应用于风雨衣、夹克衫、防寒服、童装等；实用性的绳带则可作为附件来配合服装的穿着，例如，服装中的锦纶搭扣带、裤带、腰带、鞋带等。

4. 挂钩及搭扣

挂钩多由金属或树脂材料制成，主要用于承受拉力部位的固紧闭合，如裤腰、裙腰、衣领等。搭扣多为尼龙搭扣，多用于开闭迅速且安全的部位，如婴幼儿服装、作战服、消防员服装等。

（三）常用扣紧材料选配

1. 根据服装款式及流行趋势进行选配

由于扣紧材料较强的装饰作用，它已成为加强和突出服装款式特点的一个十分有效的途径，除了加强服装款式造型外，还应与服装及配件的流行相结合，在材质、造型、色彩等多方面综合考虑。

2. 根据服装种类和用途进行选配

例如，女装较男装更注重装饰性，童装应考虑安全性，而秋冬季因天气寒冷，为加强服装保暖效果，多采用拉链、绳带和尼龙搭扣等。

3. 应与服装面料相配伍

扣紧材料应从材质、造型、颜色等方面能与面料搭配协调，以求达到完美的装饰效果，通常轻薄柔软的面料选用质地轻而小巧的扣紧材料，而厚重硬挺的面料则选用质地较厚实且较大的扣紧材料。

4. 根据扣紧材料使用部位及服装加工方式、设备综合考虑

例如，应用在上衣门襟的拉链为开尾拉链，而应用在裤子门襟、女连衣裙为闭尾拉链。

5. 应考虑服装的保养洗涤方式

这里主要涉及扣紧材料的坚牢度、色牢度以及是否溶于干洗剂等。

思考与练习

1. 什么是服装辅料?
2. 服装辅料的品种具体分成哪些?
3. 详细介绍服装辅料中的衬垫料的基本作用?
4. 里料的基本作用是什么?

项目七　典型服装面辅料选配

　　现代服装设计中，服装材料已经成为设计必须考虑的因素，服装的流行、造型以面料为先导发展和变化，应用新型纤维开发新面料是提高服装附加值的重要途径。面料质地的表现力、花色风格、功能特性等始终是服装设计师诠释服装流行主题和设计个性的载体，服装辅料的选择也是决定服装外观和性能的重要物质载体，因而服装面、辅料的选配越来越多地受到人们的重视。本课题结合几种典型服装一起学习面、辅料的选配。

任务一　正装面辅料选配

一、正装概述

　　所谓正装，是指适用于严肃场合的正式服装，即指具有公众身份或职业身份场合的着装。正装就是正式场合的装束，而非娱乐和居家环境的装束，如图7-1、图7-2所示。

图7-1　男士正装　　　　　　　　图7-2　女士正装

　　按照正装穿着目的与用途的不同含义也不同：一是，指有些单位按照特定的需要而统一制作的制服，如交警制服、公安制服等；二是，指人们自选的在正式场合，如参加聚会、观看演出等场合穿着的服装；三是，指人们在工作场合穿着的服装，有时也被称为上班服。制服反映一定的职业要求，它由社会分工，社会角色决定，其基本特点是庄重、保守，适合工作，统一形象。正式场合穿着的服装与上班服不同，既要考虑穿着场合、工作环境，又要塑造个人形象，同时也反映和表现一个时期服装的流行趋势。

二、正装分类

　　正装一般包括西服、套装和衬衫等多种服装。最常见的男士正装，是"衬衫+西服+领带+西裤+皮鞋"。西装的穿着讲究场合，因为相应的氛围，能够表现出西装庄重的特点。

现代西装出现之前，近代西方男性出席商务场合穿的套装，有一件又长又厚的黑色外套，称为 frock coat，直至 19 世纪末，美国人开始改穿比较轻便、衣长及腰间的外套，称作 sack suit。这成为非正式、非劳动场合的日间标准装束，即使是最朴实的男性也会有一套这样的西装，在星期日去教堂时穿着。另外，晚间套装也发展出一种非正式装束。原本的燕尾服演变出小晚礼服，时至今日，小晚礼服甚至取代燕尾服，成为出席晚间场合的标准装束，而历史较长的燕尾服只留给最庄重的场合穿着，如宴会、音乐演奏会、受勋仪式等。日间的正式装束则是早礼服。虽说现代场合一般已经不太拘泥于繁文缛节，但视出席场合所要求的礼节，应该穿着适宜的服装。

女性西装比男性西装质地更轻柔，裁剪也较贴身，以凸显女性充满曲线感的身型。20 世纪 60 年代开始出现配裤子的女性西装，但其被接受为上班服饰的过程较慢。随着时代发展、社会开放，西装裙已成为发展的趋势。在日益开放的现代社会，西装作为一种衣着款式也进入女性服装的行列，体现女性和男士一样的独立、自信，也有人称西装为女人的千变外套。

套装是指经精心设计，有上下衣裤配套或衣裙配套，或外衣和衬衫配套。有两件套，也有加背心成三件套。通常由同色同料或造型格调一致的衣、裤、裙等相配而成。其式样变化主要在上衣，一般以上衣的款式命名或区分品种。配套服装过去大多用同色同料裁制，近年来出现了用不同色但同料裁制。套装之间造型风格要求基本一致，配色协调，给人的印象是整齐、和谐、统一。在职业场所多选用这种穿着方式，如图 7-3 所示。

衬衫，是男士着装内外兼修的单品。简单的可以分为：正装衬衫、便装衬衫、家居衬衫、度假衬衫。正装衬衫用于与礼服或西服正装的搭配，便装衬衫用于非正式场合的西服搭配穿着，家居衬衫用于非正式西服的搭配，如配搭毛衣和便装裤，居家和散步穿着，度假衬衫则专用于旅游度假。衬衫不像套装需要更多注重外在的品质，因为需要贴身穿着，好的衬衫还要同时兼具内在品质，也就是说，衬衫的面料更需要舒适、透气，规格尺寸更需要合体，如图 7-4 所示。

图 7-3 女士套装

图 7-4 男士正装

129

三、正装面料选择

随着人们生活质量的逐步提高，人们对纺织品的要求向现代、舒适、保健、美化的方向发展，着重是崇尚自然，强调环保。

各大知名品牌正装不仅从功能性上进行考虑，而且尽可能时尚，体现流行趋势和人文内涵。因此，正装面料的选用一般遵循以下原则：

（1）面料所用的纤维、纱线种类、结构特征等要与服装档次相符。

（2）正装面料，男装强调硬朗、紧实；女装注重外在美感和风格。

（3）面料性能要与服用性能吻合。

（4）面料色彩图案大方、稳重，符合流行趋势，适用面广。

面料要时尚，要美观，除了在科技含量上进行突破，图案、色彩等因素也非常重要。总之，面料需要有艺术内涵的设计。

以西装为例进行面料选择。

1. 纯毛面料

男士西装面料以羊毛面料为佳，其他面料可视穿着场合加以选择。纯羊毛精纺面料大多质地较薄，呢面光滑，纹路清晰，光泽自然柔和，有漂光，身骨挺括，手感柔软而弹性丰富。紧握呢料后松开，基本无皱折，即使有轻微折痕也可在很短时间内消失。纯毛精纺面料有毛华达呢、哔叽、啥味呢、派力司、凡立丁等。纯羊毛粗纺面料大多质地厚实，呢面丰满，色光柔和而漂光足，呢面和绒面类不露纹底，纹面类织纹清晰而丰富，手感温和，挺括而富有弹性，纯毛粗纺面料有麦尔登呢、制服呢、大衣呢、粗花呢等。

2. 毛混纺面料

男士西装面料也可选择羊毛混纺面料，羊毛与涤纶混纺面料在阳光下表面有闪光点，缺乏纯羊毛面料柔和的柔润感。毛/涤（涤/毛）面料挺括但有板硬感，并随涤纶含量的增加而明显突出，弹性较纯毛面料要好，但手感不及纯毛和毛腈混纺面料，紧握呢料后松开，几乎无折痕。羊毛与黏胶混纺面料光泽较暗淡。精纺类手感较疲软，粗纺类则手感松散，这类面料的弹性和挺括感不及纯羊毛和毛/涤、毛/腈混纺面料。若黏胶纤维含量较高，面料容易出现皱折，如涤/毛花呢、凉爽呢、涤/毛黏花呢等。

3. 纯化纤仿毛面料

档次一般的男西装可以选择纯化纤仿毛面料。传统以黏胶纤维、人造毛纤维为原料的仿毛面料，光泽暗淡，手感疲软，缺乏挺括感。由于弹性较差，极易出现皱折，且不易消退。从面料中抽出的纱线湿水后的强度比干态时有明显下降，这是鉴别黏胶类面料的有效方法。此外，这类仿毛面料浸湿后发硬变厚。随着科学技术的进步，仿毛产品在色泽、手感、耐用性方面也有了很大的进步，高科技纺织产品的不断推陈出新，将服装装点得更加绚丽多彩。

四、正装辅料选择

结合正装不同的穿着场合和面料特性进行选配，务必要考虑正装的保形性和挺括性，使服装更加挺括平整，达到最佳设计造型效果。

1. 里料

里料一般选择丝型，真丝里料具有很好的吸湿性、透气性，质感轻盈、美观光滑，不易产生静电，穿着舒适；混纺交织里料综合了天然纤维里料与化纤里料的特点，服用性能较好；也可在冬季厚重正装中选择毛型里料，保暖性极好，穿着舒适。里料选配一定要将色彩、缩水率、悬垂性、质地、加工性等进行综合考虑。

2. 衬垫料

衬垫料可以使服装造型更为丰满，穿着舒适，尤其是现代衬料在正装中的合理应用，还可以使服装造型更加完美。正装可根据服装衬料的具体使用部位、衬布用料、衬的底布类型、衬料与面料的结合方式等进行合理选择，如前胸处可选择黑炭衬、毛鬃衬、马尾衬等，口袋、肩部等部位可选择树脂衬、黏合衬等进行造型，同时肩部可根据造型或设计需要，选择肩垫进行局部加高、加厚达到设计效果。衣领可采用领垫代替领里，使衣领平展、面里服帖、造型美观、增加弹性、便于整理定型，洗涤后缩水不走形。

3. 缝纫线

正装缝纫线的选择要考虑面料、辅料性能和色彩，缝纫线粗细应与面料厚薄、风格相适宜，色泽与面料要一致，除装饰线外，应尽量选用相近色，且宜深不宜浅。

4. 其他

正装的扣紧材料、装饰材料、标识材料可根据具体款式类型进行合理选择。

任务二 内衣面辅料选配

一、内衣概述

自从一百多年前，法国嘉杜娜女士改良了女性穿着的第一件胸罩开始，"内衣"便成为女性的最爱。内衣是指穿在其他衣物内的衣服，通常是直接接触皮肤的，是现代人不可少的服饰之一（图7-5）。内衣有吸汗、矫形、衬托身体、保暖及不受来自身体污秽的危害。内衣面料的选用既要考虑塑造人体的美，又必须兼顾人体的健康，不同类型的内衣及不同环境使用的内衣，面料不尽相同。

图7-5 内衣

二、内衣分类

内衣的种类有三种：

1. 内层衣

内层衣一般是指贴近身体的衣服（如汗衫之类），具有防寒、保温、吸汗、防止污染的作用。内衣一般选用富有保温并吸水性佳且较柔软的布料。

2. 基础衣

基础衣是指可调整身材、美化形体的内衣，如美化胸部的文胸；收腰、收腹、提臀改善女性体型的束裤，通过补正内衣使女性得到理想的身体曲线。

3. 中间衣

中间衣介于外衣与基础衣之间（如衬衣裙之类），在穿着外衣时使女性身材更能表现出优雅的气质，具有吸汗、柔滑的特点，隔离了外衣与皮肤直接的摩擦。

三、内衣面料选择

1. 贴身内衣

贴身内衣一定要柔软、舒适（图7-6）。内衣面料最适合的是选择纯棉面料，吸水性好、透气性好、保暖性好、贴身穿着柔软、舒适。

2. 睡衣睡裙

睡衣一直被当作家居服饰，穿着它让人身心放松有利于睡眠（图7-7）。睡衣面料要质地柔和，穿着舒适，利于入眠。睡衣面料应选择吸湿、透气良好的纯棉面料和真丝软缎等。值得注意的是，当前市场上的睡衣很多是由化学纤维材料制成。睡裙所用面料主要有真丝软缎、棉平绒等。

图7-6 贴身内衣

图7-7 睡衣

3. 补正内衣

补正内衣多采用立体裁剪，服装中的分割比较多，要求裁剪精确、合体（图7-8）。如文胸能起到支持和扶托乳房的作用，有利于乳房的血液循环，能保护乳头免受擦伤和碰痛，保护乳房，避免下垂，还可以减轻乳房在运动和奔跑时的震动。文胸的面料主要以蕾丝、尼龙、涤纶针织网眼面料为主，里料主要选择棉质针织织物，更好地解决透气、吸湿、穿着舒适问题。

4. 装饰内衣

装饰内衣是以一种朦胧、时隐时显、含羞内敛来抒发对美、情以及身体表现的企望（图7-9）。尤其在民间，中国古代内衣表现着更多的优雅与浪漫，通过内衣来传颂身体语言更具想象力与创造力，给中华服饰文化增添了不少的生动和潇洒。装饰内衣是人类物质生活提高后，满足精神需求的产物。装饰内衣选择材料主要是质薄、透明的丝质面料，如涤丝纺、真丝缎、经编网眼面料、弹力提花面料、蕾丝花边等。

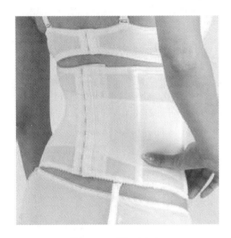 

图7-8　补正内衣　　　　　　　　图7-9　装饰内衣

四、内衣辅料选择

内衣辅料要结合内衣的特性进行选配，贴身内衣的辅料要具有柔软、舒适、保暖作用；睡衣辅料要能让人身心放松并且质地柔和；补正内衣的辅料要具有透气、吸湿、穿着舒适；装饰内衣使用的辅料要符合美感要求。

1. 里料选择

贴身内衣及睡衣一般不选择里料。补正内衣里料一般选择棉型汗布或针织网眼面料，解决吸湿、透气的问题。装饰内衣使用里料则多数选择质薄，透明的丝质镂空或针织提花面料，如真丝缎、网眼面料、弹力提花面料、蕾丝花边等。

2. 衬垫料

贴身内衣、睡衣及装饰内衣使用衬垫料较少。补正内衣主要选择海绵、泡沫、硅胶等垫料改善人体穿着效果，提升整体美感。

3. 缝纫线

内衣缝纫线的选择同样要考虑面料、辅料性能和色彩等因素，缝纫线粗细应与面料厚薄、风格相适宜，色泽与面料要一致。

4. 其他

内衣用的扣紧材料主要选择挂钩类。装饰材料、标识材料可根据具体款式类型进行合理选择。

任务三　运动服装面辅料选配

一、运动服装概述

运动服装是专用于体育运动竞赛和从事户外体育活动穿用的服装。通常按运动项目的特定要求设计制作。现代运动服不仅运动员穿用，而且成为人们户外体育锻炼、旅游的轻便服装。运动服装一般面料舒适柔软，能够对人体起到一定的物理保护和心理保护，穿着舒适自然，运动服装具有款式简洁合体的特征。人体在运动时，应尽量减轻身体之外的负荷，才能够增加速度和效率，同时运动服装多数采用鲜艳明快的色彩，对运动员刺激作用较大，能加速血液循环，同时也利于调动观众的情绪。

二、运动服装分类及功能

（一）运动服装分类

现代运动服不仅运动员穿用，而且成为人们户外体育锻炼、旅游的轻便服装，通常按运动项目的特定要求设计制作。运动服装广义上还包括从事户外体育活动穿用的服装。

1. 田径装

田径运动员以穿背心、短裤为主。一般要求背心贴体，短裤易于跨步。有时为不影响运动员双腿大跨度动作，还在裤管两侧开衩或放出一定的宽松度。背心和短裤多采用针织物，也有用丝绸制作，如图 7-10 所示。

图 7-10　田径装

2.球类运动装

球类运动装通常以短裤配套头式上衣。球类运动服需放一定的宽松量。篮球运动员一般穿用背心，其他球类的服装则多穿短袖上衣（图7-11）。足球运动装习惯上衣采用V字领，排球、乒乓球、橄榄球、羽毛球、网球等运动衣则采用装领，并在衣袖、裤管外侧加蓝、红等彩条胁线。网球衫以白色为主，女子则穿超短连裙装。

3.水上运动装

从事游泳、跳水、水球、滑水板、冲浪、潜泳等运动时，主要穿着紧身游泳衣，又称泳装。男子穿三角短裤，女子穿连衣泳装或比基尼泳装（图7-12）。对游泳衣的基本要求是运动员在水下动作时泳衣不鼓胀兜水，减少水中阻力，因此宜用密度高、伸缩性好、布面光滑的弹力锦纶、腈纶等化纤类针织物制作，并佩戴塑料、橡胶类紧合兜帽式游泳帽。潜泳运动员除穿游泳衣外，一般还配面罩、潜水眼镜、呼吸管、脚蹼等。

图7-11　篮球装

从事划船运动时，主要穿用短裤、背心，以方便划动船桨。冬季采用毛质有袖针织上衣，衣服颜色宜选用与海水对比鲜明的红、黄色，便于在比赛中出现事故时被发现。轻量级赛艇为防翻船，运动员还需穿用吸水性好的毛质背心。

图7-12　泳装

4.举重装

举重比赛时运动员多穿厚实坚固的紧身针织背心或短袖上衣，配以背带短裤、腰束宽皮带，皮带宽度不宜超过12cm（图7-13）。

图 7-13　举重装

5. 摔跤装

摔跤穿着的服装因摔跤项目而异，如蒙古式摔跤穿用皮制无袖短上衣，又称"褡裢"，不系襟，束腰带，下着长裤或配护膝（图 7-14）。柔道、空手道穿用传统中式白色斜襟衫，下着长至膝下的大口裤，系腰带，日本等国家还以腰带颜色区别柔道段位等级。相扑习惯上赤裸全身，胯下只系一窄布条兜裆，束腰带。

图 7-14　摔跤装

6. 体操服

体操服在保证运动员技术发挥自如的前提下，要显示人体及其动作的优美（图 7-15）。男子一般穿通体白色的长裤配背心，裤管的前折缝笔直，并在裤管口装松紧带，也可穿连袜裤。女子穿针织紧身衣或连袜衣，并选用伸缩性能好、颜色鲜艳、有光泽的织物制作。

7. 冰上运动服

滑冰、滑雪的运动服要求保暖，并尽可能贴身合体，以减少空气阻力，适合快速运动

（图 7-16）。滑雪运动服装一般采用较厚实的羊毛或其他混纺毛纤维针织服，头戴针织兜帽。花样滑冰等比赛项目，更讲究运动服的款式和色彩。男子多穿紧身、潇洒的简便礼服；女子穿超短连衣裙及长筒袜。

图 7-15　体操服

图 7-16　滑雪衫

8. 登山服

竞技登山穿着的服装一般采用柔软耐磨的毛织紧身衣裤，袖口、裤管宜装松紧带，脚穿有凸齿纹的胶底岩石鞋（图 7-17）。探险性登山需穿用保温性能好的羽绒服，并配用羽绒帽、袜、手套等。衣料采用鲜艳的红、蓝等深色，易吸热和在冰雪中被识别。此外，探险性登山也可穿用腈纶制成的连帽式冲锋衣，帽口、袖口和裤脚都可调节松紧，以防水、防风、保暖和保护内层衣服（图 7-18）。

图 7-17　登山服

图 7-18　冲锋衣

（二）运动服装功能

从事体育运动的人对于运动形式、目的、需求不同，对运动服装的主要功能需求也不相同。运动服装的功能性主要包括以下几个方面：

1. 保护蔽体功能

体育运动项目很多，部分体育运动具有一定的危险性，这要求运动服装必须具有保护功能，能够在恶劣的天气和复杂的环境中保护运动人员的安全。

2. 抗菌防臭性

由于运动的特点造成汗液、皮脂腺大量分泌，而户外条件又不可能常换衣服，在适宜的温度和湿度环境下，微生物也就大量繁殖，导致人身上散发出不雅的气味并引发痒感。因此，运动服装都必须具有良好的抗菌防臭性能。

3. 透湿透气功能

运动会散发大量的汗液，而户外又难免遭遇风雨，这本身就是一对矛盾，既要能防雨雪浸湿，又要能及时把身体散发出的汗液排放出去，在大量运动之后，如果在野外停下来休息，就有可能因为外界气温低、汗水无法及时逸散而在衣服内层形成水滴，使人有一种很不舒服的感觉，因此运动服装必须具备良好的透湿透气功能。

4. 防污和易去污性

户外运动经常行走穿梭在泥泞潮湿的山野林间，衣服擦脏是难免的事，这就要求服装外表要尽量不容易被污渍所沾污，而一旦被沾污之后又要易于洗涤去除。因此，运动服装都必须具有良好防污和易去污性。

5. 抗紫外线功能

体育运动大多数不是室内进行的，要求运动员在参与室外运动和训练时，运动服具备较好的抗紫外线功能。目前可以通过面料的特殊整理加工达到抗紫外线效果，也可通过纤维本身处理获得抗紫外线功能，从而保护户外运动人员免受紫外线伤害。

三、运动服装面料选择

运动服装面料种类繁多，机制面料和针织面料以及其他新型功能性面料均可作为运动服装的面料。

运动服装常用的有如下几种典型面料：

1. 涤盖棉面料

涤盖棉针织面料是一种涤棉交织的双罗纹复合织物。该织物一面呈涤纶线圈，另一面呈棉纱线圈，通常以涤纶面为正面。涤盖棉针织物集涤纶织物的挺括抗皱、耐磨坚牢及棉织物的柔软贴身、吸湿透气等特点为一体，是运动服的首选材料。

2. 网眼面料

针织网眼面料分为经编网眼和纬编网眼面料两种。通常采用纯棉纱和涤纶纱进行编织，由于这种植物呈现菱形凹凸效应或蜂巢状网眼，透气性好并且面料轻薄，外观挺括，尺寸稳定性好，是运动便装、球类运动服装的典型面料和里料。

3. 弹力面料

弹力织物采用氨纶包芯纱线进行织造，具有较好的弹性，穿着舒适，适用于各种运动装、滑雪衫等。

4. 起绒针织布

表面覆盖有一层稠密短细绒毛的针织物称为起绒针织布，其手感柔软，质地丰厚，绒面蓬松，轻便保暖，舒适感强，适合制作运动衫裤、冬季绒衫裤等。

5. Gore-Tex 面料

Gore-Tex 是一种防水、透气及防风布料。Gore-Tex 薄膜平均每平方英寸有九十亿个小孔，每个小孔比一滴水珠细小两万倍，同时比水蒸气分子大七百倍，因此雨水不能渗透 Gore-Tex 面料，但身体排出的汗气却可以透过小孔蒸发，令穿着者感觉舒适自然。

6. Cool Max 面料

由著名杜邦公司制造的优质 Cool Max 面料具有高度的透气快干特性，在户外活动时身体所散发出的汗气可以透过衣服迅速蒸发体外而达到排汗、透气、快干及保温的效果，这是一般棉制衣服所不及的，同样地，人们在从事户外活动后走入室内，由于室内外温度的差异，身体在户外活动时所散发出的汗气将会随着气温而冷却，进而达到舒适的效果。

四、运动服装辅料选择

运动装品类众多，不仅运动员穿用，也作为人们户外体育锻炼、旅游的轻便服装，多数款式简洁，颜色鲜艳，因品类众多，在此不做一一赘述。大家在选配辅料时，一定要结合具体运动装品类、穿着要求、服用性能、价值及加工性能等方面进行整体考虑并进行合理选择。

思考与练习

1. 结合正装特点，以燕尾服为例，分析面辅料选择要点。

2. 以女士晚礼服为例，简要说明如何正确选配面辅料。

3. 结合内衣特点，以补正内衣为例，分析面辅料选配要点。

4. 以贴身内衣为例，简要说明辅料有哪些，辅料选择要注意什么？

5. 结合运动装特点，以登山装为例，分析面辅料选配要点。

6. 以泳装为例，简要说明主要辅料有哪些，辅料选择应注意什么？

项目八　服装的标识、洗涤与保养

课题名称：服装的标识、洗涤与保养

课题内容：1. 服装的标识

2. 服装的洗涤

3. 服装的熨烫、整理与保管

课题时间：2 课时

教学目标：1. 掌握纺织品服装标识正确表示方法。

2. 掌握服装正确洗涤、熨烫和保管方法。

教学重点：服装熨烫。

教学方式：讨论法

任务一　服装的标识

在服装的生产、流通、消费和保养过程中，为了维护服装生产者的合法权益，保护服装经销者的正当利益，指导服装消费者的合理消费，对于市场上销售的服装，服装生产者有义务以规范的形式对服装产品进行正确的标识，如准确标明服装号型、保养说明和纤维含量等，以利于服装经销者认知产品，帮助服装消费者了解服装产品，从而能够正确地消费和保养服装。

一、服装纤维含量的标识

服装纤维种类及其含量是服装标识的重要内容之一，也是消费者购买服装制品的关注点。因此，正确标识服装产品的纤维名称及纤维含量，对保护消费者的权益、维护生产者的合法利益、打击假冒伪劣产品、提供正确合理的保养方法等有着重要的实际意义。

国家标准《消费品使用说明纺织品和服装使用说明》（GB 5296.4—1998）和2014年5月1日实行的 GB 5296.4—2012《消费品使用说明　第4部分：纺织品和服装》标准，对纺织品和服装的使用说明提出了具体要求。规定国内市场上销售的纺织品（包括纺织面料与纺织制品）和服装以及从国外进口的纺织品和服装的纤维含量表示都适用此标准。

凡在国内市场上销售的纺织品和服装，无论是国内企业（包括国有企业、独资企业、合资企业、集体企业、乡镇企业、个体企业等）生产的且在国内市场上销售的产品，还是国外企业生产的，进入我国国内市场销售的产品（即进口产品），其纤维含量的标识都应符合我国国家标准的规定。出口产品应根据出口国的要求或合同进行标注。

（一）纤维名称的标注

纤维名称一般可分为以下两种情况：

（1）天然纤维名称的标注，采用 GB/T 11951《纺织品　天然纤维　术语》中规定的名称和定义，化学纤维名称采用 GB/T 4146.1《纺织品　化学纤维　第1部分：属名》中规定的名称，羽绒羽毛名称采用 GB/T 17685《羽绒羽毛》中规定的名称。

（2）对国家标准或行业标准中没有统一名称的纤维，可标为"新型（天然、再生、合成）纤维"，目前已有的部分新型纤维的名称可参照 FZ/T 01053 附录 C。纺织纤维含量的标注应符合 FZ/T 01053。纤维名称的标注，既不应使用商业名称标注，也不允许用外来语等标注，还要注意纤维名称不应与产品名称混淆。如仿羊绒产品，其纤维含量应标明其真实的纤维种类（例如，羊毛仿羊绒标为羊毛、腈纶仿羊绒标为腈纶），而不能标羊绒。

（二）纤维含量的表示

1. 纤维含量的计算

某种纤维的含量是指织物中该纤维的重量占织物总重量的百分比（%）。纯纺产品，通常指某一纤维含量占100%的纺织产品，但某些产品也允许混用少量其他原料。混纺产品，由两种或两种以上纤维组分混纺或交织的产品，按照纤维含量递减的顺序列出纤维名称和对应的含量。如某涤棉混纺织物面料，重量为 50.18g，其中含有涤纶 32.59g，棉纤维 17.59g，则涤纶含量为 65%，棉纤维含量为 35%，可表示为涤纶 65%，棉 35%。

2. 纤维含量的标注

（1）纯纺织物。纯纺织物一般指由同一种纤维加工制成的纺织品和服装，其产品的纤维含量标识为"100%""纯"或"全"，可表示为：

100% 棉	或	纯棉	或	全棉

（2）混纺或交织织物。通常按照纤维含量递减的顺序，列出每种纤维的名称，并在每种纤维名称前列出该种纤维占产品总体含量的百分率；含量≤5%的纤维，可列出该纤维的具体名称，也可以用"其他纤维"来表示。产品中有 2 种及以上纤维含量≤5%的纤维且总量≤15%时，可集中标为"其他纤维"，可表示为：

羊毛　　90%	涤纶　　　55%
其他纤维　5%	黏胶纤维　45%

（3）由地组织和绒毛组成的纺织品和服装。对于这类产品，应分别标明产品中每种纤维的含量，或分别标明绒毛和基布中每种纤维的含量，可表示为：

绒毛　腈纶　100%
基布　涤纶　50%
棉　　50%

（4）有里料的纺织品和服装。有里料的产品应分别标明面料和里料的纤维含量，可表示为：

羊毛　　95%	涤纶　　98%
其他纤维　5%	其他纤维　2%

（5）含有填充物的纺织品和服装。对于含有填充物的产品，应标明填充物的种类和含量。羽绒填充物还应标明含绒量和充绒量，可表示为：

填充物：白鸭绒
含绒量：90%
充绒量：103.9 克

（6）由两种或两种以上不同质地的面料构成的单件纺织品或服装。对于由两种或两种以上不同质地的面料构成的单件纺织品或服装，应分别标明每个部位面料的纤维名称及含量，可表示为：

| 前片：65%羊毛、35%腈纶 | 红色：100%羊绒 |
| 其余：100%羊毛 | 黑色：100%羊毛 |

二、服装使用信息的标识

服装产品的使用说明是服装生产者或经销者向服装消费者出示的产品规格、产品性能、使用方法等使用信息，多采用吊牌、标签、包装说明、使用说明书等形式。

（一）使用说明的形式与内容

根据我国的国家标准，规定产品使用说明应该能够使消费者清楚地认知产品，了解产品的性能和使用、保养方法。如果没有使用说明，或因使用说明编写不规范，信息量不足甚至有误，而给消费者造成损失时，生产或经销部门应承担相应责任。因此，生产或经销者在经销产品时必须提供规范的使用说明。

1. 服装产品使用说明的形式

服装产品使用说明的形式一般采用缝合固定在产品上的耐久性标签；悬挂在产品上的吊牌；直接将使用说明印刷或粘贴在产品包装上；随同产品提供说明资料四种方法。

2. 服装产品使用说明的内容

标签是向消费者传递产品信息的说明物。标签标注规定的内容较多，如厂家名称和地址、产品名称、洗涤说明、纤维含量、产品标准等，并且规定了标签形式，悬挂或粘贴位置等。

厂家可根据产品特点自行选择使用说明的形式，但产品的号型或规格、原料的成分和含量、洗涤方法等内容按规定必须采用耐久性标签。其中原料的成分和含量、洗涤方法宜组合标注在同一标签上。服装的耐久性标签包括服装领子上的号型标签、有关洗涤熨烫和纤维成分三项内容。

耐久性标签的位置要适当，通常是服装号型或规格标签可缝在后衣领居中位置，其中大衣、西服等也可缝在门襟里袋上沿或下沿；裤子、裙子可缝在腰头里子下沿；衣衫类产品的原料成分和含量、洗涤方法等标签一般可缝在左侧缝中下部；裙、裤类产品可缝在腰头里子下沿或左边裙侧缝、裤侧缝上部；围巾、披肩类产品的标签可缝在边角处；领带的标签可缝在背面宽头接缝或窄头接缝处；家用纺织品上的标签可缝在边角处。

（二）使用说明的图形符号

不同的国家对服装使用说明的标识表示和标识内容不尽相同。为了规范我国服装使用说明的标注方法，我国国家标准 GB/T 8685—1988《纺织品和服装使用说明的图形符号》规定了服装使用说明的图形符号及其含义。

任务二　服装的洗涤

服装材料在纺织染整、商品流通、裁剪缝制和日常穿着中必然形成脏污。服装材料上的脏污不仅影响美观，还会影响穿着效果和人体健康，甚至缩短穿着寿命，去除脏污的方法就是洗涤。

一、服装污垢

（一）污垢分类

按污垢来源，可分为身体分泌的污垢和外来沾染的污垢。身体分泌的污垢有汗液、皮脂和表皮角质等，常附着于内衣上，用肉眼不易明显地看出来，但确实存在，尤其在领口、袖口较明显。外来沾染的污垢主要来自大气中浮游的灰尘和工作场所的污染，如煤矿工作服上的煤灰、机械工人工作服上的油污、厨师工作服上的油渍、医生手术衣服上的血渍等。服装上沾染的污物多种多样，按污垢的性质，衣物污垢可分为水溶性、油溶性、水和油均不溶的污垢。水溶性污垢如尘土、饭粒及汗液中的盐分和氨基酸等，用水即能洗去。但是，污垢因某种原因不易洗除的情况很多，如果汁、牛奶、酱油、鲜血、尿液、粪便、墨水以及茶水等痕迹，在未被氧化变质时用水即可方便地洗除，时间久了发生了氧化变质，此时的污垢水和油都不溶，需要用其他的手段才能洗去，如变性蛋白质可用蛋白酶除去，烟尘污垢要选择分散力强的洗涤剂去除。水不溶性（即油溶性）的污垢，如皮脂（油脂）、表皮角质（蛋白质）、铁锈等污垢都不易被水洗除，必须借助洗涤剂、溶剂（即干洗）或特殊清洗剂才能去除。

（二）去污原理

由于污垢的种类繁多，形成的原因也十分复杂，很多污物仅用水难以被清除，即使增加外力搓揉也难以彻底清除。长期研究和实践经验证明：衣物洗涤的三要素是水、洗涤剂和机械力，其中机械力在没有洗衣机之前用的是手、搓衣板或棍棒，现在用的是各式各样的洗衣机。衣物上沾附的皮脂类污垢单纯用水和机械力难以去除，还必须借助洗涤剂才能去除，此时洗涤的三要素缺一不可。实验表明：洗涤的干净度与洗涤剂的浓度有明显的关系，洗涤剂必须达到一定的浓度才具有洗涤能力。但是，用量太多也没有意义，只会造成浪费。

洗涤剂在洗涤过程中起"物理化学作用"，这种作用是洗衣机的功能或机械力无法取代的。这是因为洗涤剂中含有表面活性剂、助剂等多种成分，其中表面活性剂是洗涤剂的主要成分，被称作洗涤剂的活性物，其分子结构形同火柴棒，圆头的一端为亲水基团，顾名思义，是能与水结合，而长棒状的一端为亲油基团，易与油结合，因此，人们又称表面活性剂为"两亲分子"。

表面活性剂的这个特性在清除污垢的过程中起着重要的作用，它既能与水结合又能与油结合，结合后存在于油和水的界面上，从而使两种不相溶的油相与水相混为一体，也可以使不相混的固相颗粒悬浮在水中，这对于去除污垢起着决定性作用。

去污过程是一个很复杂的过程，目前一般可以用下面的几个过程来叙述：首先，脏衣服浸泡在洗涤剂溶液中，洗涤剂中的表面活性剂分子逐渐润湿被洗涤的织物纤维和污垢；其次，表面活性剂分子向织物纤维和污垢之间渗透并被吸附，使纤维与污垢的结合力变弱而松弛；再次，表面活性剂亲油的一端被污垢吸附而被包裹；最后，包裹的污垢借助搅拌机械力或手搓洗力脱离织物纤维被分散到洗涤剂溶液中。

二、洗涤剂

（一）水洗洗涤剂

在织物的水洗中只有阴离子表面活性剂和非离子型表面活性剂，对织物去污能够起到正面有效的作用。因此这两种表面活性剂成为衣物洗涤剂的主要材料。洗涤剂要具备良好的润湿性（LBW–1）、渗透性、乳化性、分散性（LBD–1分散剂）、增溶性及发泡与消泡等性能，这些性能的综合就是洗涤剂的洗涤性能。洗涤剂的产品种类很多，基本上可分为洗衣粉、肥皂、洗衣液（液体洗涤剂）、皂粉、彩漂液等几大类。

1. 洗衣粉

洗衣粉是一种碱性的合成洗涤剂，去污力强、溶解性能好、使用方便，在抗硬水、泡沫丰富等方面都更胜一筹。同时价格较便宜，属于性价比较高的洗衣清洁剂。长时间使用洗衣粉会使衣服发灰发黄，白色衣物最为明显。由于洗衣粉呈弱碱性，因此更适合洗涤/棉、麻、化纤及混纺织物，不适合洗涤/毛、丝绸等衣物。由于毛、丝绸等衣物中含蛋白质，会损伤衣物。洗衣粉在温水中的洗涤效果比冷水好，在温水中溶解均匀，表面活性剂可发挥更大功效。水温以30~60℃为宜。洗衣粉种类日益增多，性能也不尽相同。目前有一种加酶洗衣粉，即加入了碱性蛋白酶生物催化剂，能"消化"顽固的蛋白质类污垢，如血渍、奶渍、草渍等，还能去除异味。酶是一种热敏性物质，温度是影响酶活性的一个重要因素。因此，使用加酶洗衣粉洗涤水温应控制在40℃左右，不可用60℃以上的水泡洗衣粉，以免酶制剂失去活性，影响去污效果。加酶洗衣粉也不能用来洗涤毛、丝绸类含蛋白质纤维的织物，因为酶能破坏蛋白质纤维结构。

2. 肥皂

肥皂的主要成分为硬脂酸钠，由天然油脂经皂化反应生成，去污力强，且生物降解性好，对人体无毒副作用，对环境无污染，但是它在硬水中与钙、镁离子发生置换反应会形成皂垢，皂垢黏附在衣物上，使被洗涤衣物板结，并在洗涤用具上形成污垢。

3. 洗衣液

洗衣液是一种液态的衣物洗涤剂，成分与洗衣粉相似，适合洗涤内衣、被褥床单等重垢织物。它的水溶性好，冷水中也能迅速溶解，充分地发挥作用。洗衣液中常加入低泡的非离子表面活性剂，因此较易漂洗。相对洗衣粉来说，洗衣液碱性较低，性能较温和，不损伤衣物，使用更方便。洗衣液一般选用耐硬水的非离子表面活性剂，在软、硬水中都有效。因可制成中性的洗衣液（如丝、毛洗衣液等），碱性低，故可用于洗涤丝绸、毛等纤细织物，洗出的衣物对皮肤刺激也较小。洗衣液的价格相对洗衣粉来说，要贵出不少。

4. 皂粉

普通洗衣粉中的表面活性剂一般是以石油为原料合成而来，而皂粉的主表面活性剂则由天然油脂经简单皂化而来，由于表面活性剂的不同，产品的特性也表现出较大的差异。与洗衣粉相比，洗衣皂粉通常具有更好的柔顺效果，有效减少衣物损伤，洗衣时泡沫少，易漂清等优点。皂粉对水要求较低，即使在低温和高硬度水中仍然表现出优良的洗涤性能。皂粉更适合用于手洗贴身衣物、婴幼儿的衣裤和尿布等。

5. 彩漂液

彩漂液中配有一定的化学漂白剂或光学漂白剂。漂白剂的作用对象主要是有机色素污渍（如血渍、茶渍等）和部分蛋白污渍（如尿渍、汗渍等），它的作用原理是通过化学反应，放出原子氧，将衣物沾染的或自身泛黄形成的各种色素氧化成无色物质，从而使衣物恢复原有的鲜艳色彩。

彩漂液经常会用到，能增强对衣领、袖口等处污垢的去污作用，保持衣物色彩鲜艳。另外，将毛巾浸泡在不低于40℃的温水中，将洗衣粉与彩漂液搭配作用10～20分钟，可起到良好的杀菌效果，并使毛巾保持鲜艳、柔软，延长使用寿命。

（二）干洗剂

干洗是指使用化学溶剂对衣物进行洗涤的一种方法。迄今为止，所用的干洗剂有以下四类：石油溶剂干洗剂、四氯乙烯干洗剂和液态二氧化碳干洗剂。

1. 石油溶剂干洗剂

石油溶剂（石油分馏物）是干洗的起源物质。早期使用的有煤油、汽油及苯酚等，因其易燃易爆，安全系数低，且苯及其衍生物有致癌作用而被其他溶剂取代。到了20世纪90年代，日本、韩国等发达国家开发出了新一代石油干洗剂（如DF2000和D40等）。它们是石油在120～160℃分馏得到的烃类溶剂，其中化学成分主要是烷烃、环烷烃、芳香烃三类。虽然提高了引火点，但其安全性仍是人们所关注的，且石油溶剂有洗净度低、溶剂回收困难、全封闭干洗机价格高等弱点。

2. 四氯乙烯干洗剂

四氯乙烯（PCE或PERC）是20世纪30年代开始使用的干洗剂，四氯乙烯干洗剂具有去油污效果好、不褪色、不串色、不变形、无异味、不损伤衣料及有机玻璃纽扣、洁净度比较高、不易燃易爆、腐蚀性较弱的优良性能，时下还没有哪种干洗剂可替代。因此，目前在干洗业中，世界各国仍以四氯乙烯干洗剂为主。但其仍有一定的毒性，会对土壤和水质造成污染，所以要求干洗机具有一定的密封性。

3. 液态二氧化碳干洗剂

美国休斯环保中心和洛斯阿拉姆实验室最先推出二氧化碳专用干洗机，它最早用于太空，也是目前新开发的最好的干洗溶剂之一。它是利用二氧化碳的两态变化，添加必要的助剂进行衣物洗涤。实践证明，使用液态二氧化碳进行衣物洗涤可以有效去除各种污垢，包括油脂性污垢以及特殊的污垢。但是，如果应用到实际当中需要解决的问题还很多，如二氧化碳两态转化需要在高压容器中进行，所以洗涤腔必须承受很大的压力，液态二氧化碳的输送和循环需要高压泵进行添加剂的投放等问题还有待进一步解决。

三、洗涤方法

洗涤根据所采用的溶剂不同分为干洗（溶剂为有机溶剂）和水洗（溶剂为水）。

（一）干洗

干洗也称化学清洗法。即利用有机溶剂如汽油、三氯乙烯、四氯乙烯、四氯化碳、酒精等将衣物上的污垢溶解并挥发，从而达到洗涤清洁的作用，整个洗涤过程不需用水。

干洗法主要用于湿水后易缩水、变形、褪色及质地精致、细薄易受损的面料和服装。若服装的衬料、里料及其他辅料不可湿水，也应采用干洗。如纯毛西装、西裤、套裙、大衣；真丝、人造丝的织锦缎、软缎、丝绒、塔夫绸等面料的服装及领带、丝绵服装、皮革服装等。干洗对于各种油溶性污垢有特殊去除作用，具有水洗所达不到的效力。经干洗的服装不变形、不褪色，能保持材料原有的质地和色泽，解决了高档服装不能水洗的问题。干洗法也有不足之处，对于一些水溶性污垢去除不彻底，浅色较脏服装不易洗净。有些干洗剂属易燃品，或有毒性，对环保不利。通过对干洗剂和干洗设备的改进，绿色干洗将成为发展趋势。

（二）水洗

1. 水洗概述

水洗也称湿洗，顾名思义就是用水洗涤。水洗是以水为载体，加以洗涤剂、机械力和温度的作用去除污垢。一般面料服装均可采用水洗，方便易行，适合家庭洗涤。日常水洗主要是手洗和机洗，也可手洗和机洗相结合。机洗也就是用洗衣机洗涤，省时省力，将人从繁重的劳动中解脱出来，特别是一些厚重型的服装和经常洗涤的服装，如牛仔装、工作装、羽绒服以及经常换洗的棉毛衫裤、内衣裤等。轻薄易损的丝绸、易缩绒变形的纯毛服装、羊毛衫、羊绒衫、水洗强度较低的精致人造纤维面料等不宜机洗，最好采用手洗。若一定要采用机洗，应柔和、宽水、短时洗涤，以保证面料完好无损。手洗相对温和些，对于脏污程度不同的服装和部位可区别处理。

水洗对于水溶性污垢尤其适合，简单、便捷、经济。对于油溶性污垢，先行处理后也可洗净。但是水洗会使一些服装材料吸水膨胀，加之机械力的作用，导致服装缩水、缩绒、变形或是褪色、沾色、破损等，因此采用水洗或干洗、机洗或手洗应根据材料和服装的特点来决定。

2. 水洗要点

（1）洗前准备。先除去附属物，如易脱落的纽扣、装饰物等，然后进行检查分类，按照衣料的原料、组织、颜色、脏净、色牢度、厚薄等分开，根据不同的情况采取不同的洗涤方法。

（2）浸泡预洗。洗涤前最好把衣物放在冷水中浸泡一会儿，可使附着于衣料表面的尘垢和汗液脱离，进入水中。同时水分子可充分渗透到织物内部，将组织间隙中的污垢挤至布面，便于去除，从而提高洗净率。浸泡预洗还可以发现一些水洗牢度较差，易脱色的织物。浸泡时间随具体服装和面料而定。蚕丝织物、黏胶纤维织物、深色及印花棉织物浸泡时间应短，在5~10分钟。一般化学纤维织物浸泡时间可长些，15分钟左右。

（3）洗涤。洗涤是采用前面讲述的各种水洗方法，通过洗涤剂的去污作用将衣物洗净的过程。洗涤要做到"三先三后"，即先浅色后深色，先小件后大件，先比较干净者后比较脏者。用洗涤剂洗净后，再用清水反复漂洗，彻底清除织物中的洗涤剂和残留的脏污。

（4）脱水。漂洗干净后可用手绞、压干、甩干、吸干等方法脱水。易变形、易破损的黏胶纤维织物、高档羊毛织物、轻薄的真丝织物勿用力拧绞，可甩干脱水或自然沥水。对于免烫的化学纤维及化学纤维混纺衣料，甩干易造成不平展，最好挤除或压干脱水，展平后悬挂干燥。

（5）干燥。干燥方式影响织物的质地和穿着。日常一般采取日光晾晒，但日光对某些织物的强度、手感、光泽、颜色等都有损伤，特别是真丝、羊毛、锦纶、丙纶等织物。科学的干燥方式是：

①悬挂：质地较轻、不易变形的衣物可用衣架撑挂或衣夹夹挂，厚重衣物要选择承重性大的衣架或衣夹，易变形的衣物可平摊，也可装入网袋内至半干再悬挂。

②晾晒或阴干：棉、麻、腈纶衣料可直接日晒，勿长时间暴晒。真丝、羊毛、锦纶等衣料应在通风处阴干。较厚的衣物应内外层翻转干燥，若日晒，要将耐晒性好的一面朝外，干燥环境应清洁干爽，切忌烤干、烘干。

③预整理：衣物晾至半干可进行一次预整理，将衣料轻轻拉伸平展，便于熨烫整理。

四、国际标准洗涤、干燥标识

随着服装材料运用的多元化和新型化，以及人们对正确穿着、使用、保养服装等方面认识的不断提高，洗涤、干燥已成为服装必不可少的内容。国际上将上述方面的使用、操作方法、注意事项以通用、直观的图形符号来表示，也就是通常所说的洗涤、干燥标识。这些标识多钉在服装的侧缝内、衣领内侧或印在包装袋上，也可印在标牌上配挂在服装的某一部位，使穿着者掌握正确的使用、保养方法。下表是国际标准洗涤、干燥标识，分为"水洗""漂白""干洗""干燥"四个部分，如表8-1所示。

表8-1 国际标准洗涤、干燥标识

中文名称	英文名称	图形符号	文字说明
水洗	Washing	60	最高水温60℃，机械作用常规常规冲洗、常规脱水
		60	最高水温60℃，机械作用轻柔常规冲洗、小心脱水
		40	最高水温40℃，机械作用微弱常规冲洗、小心脱水、勿拧绞
		（手洗符号）	只可手洗不可机洗最高水温40℃、小心处理
		（划叉符号）	不可水洗

中文名称	英文名称	图形符号		文字说明
漂白	Bleaching	(三角形)	(三角形 CL)	可以氯漂仅在冷稀释液中进行
		(叉掉的三角形)	(叉掉的三角形 CL)	不可氯漂
水洗后干燥	Drying after washing	(圆形在方框内)		可翻转干燥
		(叉掉的圆形在方框内)		不可翻转干燥
		(悬挂衣物符号)		悬挂晾干
		(滴干衣物符号)		滴干
		(平摊衣物符号)		平摊晾干
		(阴干衣物符号)		阴干

中文名称	英文名称	图形符号	文字说明
干洗	Dry cleaning	(圆圈内 A)	可使用各类干洗剂
		(圆圈内 P)	可用四氯乙烯石油溶剂干洗，常规洗涤
		(圆圈内 P，下方一横线)	可用四氯乙烯石油溶剂干洗，缓和洗涤
		(圆圈内 F)	只能用石油类干洗剂干洗
		(圆圈带叉)	不可干洗

任务三　服装的熨烫、整理与保管

　　熨烫，就是利用熨烫工具、设备，通过热（湿热）的作用使织物或服装平整、定型的过程。服装在裁剪前、成衣中、成衣后及洗涤后都需经过熨烫，使衣料挺括平整，让服装具有稳定的造型和尺寸，或形成稳定褶裥。不仅如此，服装经高温熨烫，既可排除水分，又可杀灭病菌，有利于人体清洁健康。

　　熨烫的原则是既要获得良好的造型效果，又要保证服装完好无损。熨烫效果的好坏取决于：温度、湿度、压力、时间和冷却等因素，这些因素相互联系作用，构成熨烫的全过程。

一、服装材料的熨烫整理

（一）熨烫的温度

熨烫既然是热定型，那么温度在熨烫过程中就起着主要作用，是影响定型效果的主要因素。一般来说，熨烫效果与温度成正比，即温度越高，定型效果越好。温度过低，水分不能汽化，无法使纤维中的分子产生运动，达不到熨烫的目的，但温度过高，超过纤维的承受范围，会引起织物收缩、熔融、炭化或燃烧。因此关键是根据纤维的种类掌握适宜的温度。同时也要考虑：同类原料的织物，厚型比薄型熨烫温度高；纹面类比绒面类熨烫温度高；湿烫比干烫温度高；服装的省、缝部位比一般部位熨烫温度高等。对于混纺或交织织物，熨烫温度应根据其中耐温性较低的一种纤维而定。表8-2是各类纺织纤维织物在不同情况下适宜的熨烫温度，可供参考。所谓"危险温度"是指在这个温度下直接熨烫30s后，织物强力下降10%，变色程度已可由肉眼辨识。

表8-2　各类纺织纤维织物熨烫温度

纤维名称	直接熨烫温度（℃）	垫干布熨烫温度（℃）	垫湿布熨烫温度（℃）	危险温度（℃）	蒸汽烫（℃）
麻织物	185~205	200~220	220~250	240	—
棉	175~195	195~220	220~240	240	—
羊毛	160~180	185~200	200~250	210	—
桑蚕丝	165~185	190~200	200~230	200	—
柞蚕丝	155~165	180~190	190~220	200	不可喷水
黏胶	160~180	190~200	200~220	200~230	—
涤纶	150~170	180~190	200~220	190	—
锦纶	125~145	160~170	190~220	170	—
维纶	125~145	160~170	不可	180	不可喷水
腈纶	115~135	150~160	180~210	180	—
丙纶	85~105	140~150	160~190	130	—
氯纶	45~65	80~90	不可	90	—
氨纶	90~100	—	—	—	130

掌握和控制熨斗的温度十分重要。自动调温熨斗有温度调节装置，注明"麻""棉""合纤"等字样，应根据织物种类调至相应温档。每档具体温度大致是：低档温度40~60℃，合成纤维85~110℃，丝115~150℃，毛150~170℃，棉180~230℃，麻220~240℃，高档温度270~300℃。

（二）熨烫的湿度

水分可使纤维润湿、膨胀、伸展，在热的作用下易于变形和易于定型，因此织物在含有一定水分的状态下进行熨烫，定型效果较好，特别是毛织物和折痕明显的棉、麻、黏胶织物采用湿热定型，快速而见效。但并非所有材料都可湿热定型，柞蚕丝喷湿熨烫会产生水渍，维纶湿热情况下会发生收缩。

给湿方法有直接喷水、垫湿布、蒸汽熨斗的给湿，给湿与加热同时进行。成衣整体模型整烫也是给湿与加热同时进行的，使用方便，快速高效。喷水、垫湿布给湿的均匀性不及蒸汽熨斗，操作时应注意。给湿量的多少视材料的类别和厚薄而定，厚型衣料给湿量可多些，以垫湿烫为好，但水分过多也会影响熨烫速度和效果，有时服装已烫平，但水分未完全蒸发，面料还会折皱不平。适当的水分还可使不耐高温的化学纤维织物受热均匀，既保护面料，又可定型持久。

在日常生活中，洗涤后的服装可在晾至八九成干时，不加湿直接熨烫或垫干布熨烫，同样可起到湿热定型的作用。

（三）熨烫的压力

温度和湿度是熨烫定型的重要条件，除此之外，加上一定的压力，可迫使织物伸展或弯折成所需形状，使构成织物的纤维朝一定方向移动，一定时间后，纤维分子在新的位置上固定下来，即达到定型的目的，从而使织物平整或形成褶裥等。

熨烫中的压力，主要指熨斗自身重量加上操作时附加的压力和推力。压力的大小应根据具体织物的特点和服装的部位而决定。需平整光亮的织物应用力可大些；紧密纹面类织物易产生极光，压力要小；厚重织物、折痕明显的织物用力压摩；毛绒类、起绒类、绉类、泡泡类织物压力宜小，最好蒸汽冲烫，以免绒毛被压倒，泡泡、绉纹被压平；细薄的丝绸用力要轻。服装的领、肩、兜、前襟、贴边、袖口、裤线、拼缝等处熨烫时压力要大些，以保证彻底定型。

（四）熨烫的时间

熨烫时间是指熨烫时熨斗在同一部位停留时间的长短，关系到定型效果对织物的影响。若时间过短，织物未能充分定型，时间过长，织物局部受损。因此熨烫时在织物的同一部位应不停地摩擦移动。每次同一部位停留过热时间一般为 $1\sim2s$，移动过热时间一般为 $3\sim5s$，可根据具体织物和部位灵活掌握。耐热性好的织物、含湿量大的织物、厚型织物熨烫时间可长些，反之，时间应稍短。若一次熨烫效果不良，可反复多次至熨烫平整，但不宜长时间停留在同一部位熨烫，防止产生极光和形成熨斗印迹或产生局部变色、熔化、炭化等。

（五）熨烫后的冷却

熨烫后只有通过急骤冷却，才能使纤维分子在新的位置上停止或减少运动，以达到完全定型。冷却有两种方法：机械冷却法和自然冷却法。机械冷却法是在熨烫完毕后通过抽风机将水分、余热全部抽掉，即可迅速冷却。家庭熨烫可准备一把凉熨斗，进行一热、一冷定型。自然冷却法是熨斗离开衣物后自然降温，为加快速度，最好用口吹气，用电吹风机吹冷风，或挂在通风处进行冷却。

二、国际标准熨烫标识

随着人们对正确穿着、使用、保养服装等方面认识的不断提高，熨烫说明已成为服装必不可少的内容。国际上将使用、操作方法、注意事项以通用、直观的图形符号来表示，也就是通常熨烫标识。这些标识多钉在服装的侧缝内、衣领内侧或印在包装袋上，也可印在标牌上配挂在服装的某一部位，使穿着者掌握正确的使用、保养方法。熨烫标识，见表8-3。

表8-3 国际标准洗熨烫标识

中文名称	英文名称	图形符号	文字说明
熨烫	Ironing		低温熨烫，熨斗底板最高温度110℃
			中温熨烫，熨斗底板最高温度150℃
			高温熨烫，熨斗底板最高温度200℃
			垫布熨烫，不可直接接触熨烫
			蒸汽熨烫
			不能熨烫

三、服装的保管

服装在使用过程中，采用合理的保管方法是非常重要的。它可以提高服装的使用质量和使用时间，由于各类服装材料不同，加工方法有差异，因此选择保管方法也不同，所以消费者只有熟悉各类服装产品性能特点，才能采用科学的保管方法，维护服装内在的品质和外观形态，避免保管过程中出现损害和变质。

（一）服装保管过程中出现的常见问题

1. 霉烂

霉烂是微生物作用于纤维，破坏纤维组织的结果，其产生的原因是服装具有适合霉菌、细菌等微生物生长繁殖的温湿度等条件，微生物在生长过程中会分泌出酶类，由于酶的作用，破坏了纤维，使面料强度下降，丧失了应有的服用性能。

防止霉烂的方法，就是不要营造霉菌生长繁殖的环境。在保管过程中，要使服装保持干燥、清洁和低温。

2. 发脆

发脆是服装在保管过程中经常出现的变质问题。发脆的原因一部分是由于面料所用染料及印染加工操作不当所带来的发脆变质，还有一部分是由于保管过程中受日光直接暴晒及长时间闷热；储存环境过于潮湿，储存环境日久通风不良；接触腐蚀物等都会引起发脆变质。

预防发脆的方法，一方面在服装生产加工过程中注意面料中残留物的控制，另一方面，在保管过程中要注意防止服装潮湿和避免强烈阳光的长时间照射和受热、受风吹。

3. 变色

变色产生的原因一般是由于空气、阳光的氧化作用而使面料发黄褪色，还有则是在生产过程中，面料含有整理剂染料和油剂等残留物质作用使服装变色。

防止变色的方法，使服装在保管过程中避免长时间阳光暴晒和保持储存环境的低温凉爽。

4. 虫蛀

虫蛀是服装在保管过程中常常受到的损害。服装一经虫蛀，一般无法挽救。因此对于虫蛀必须采用有效的措施。保管过程中一定要做到保持服装的洁净，储存环境干燥通风以及放置樟脑丸等消毒处理。

（二）服装保管注意事项

1. 棉、麻服装

棉、麻服装属纤维素纤维面料，因此在保管过程中一定要注意环境的温湿度。存放之前应使服装晒干，保管环境应干燥，同时深浅颜色应分开存放，以防沾色。

2. 呢绒服装

呢绒服装应放在干燥处，并以悬挂存放为好，存放时要把衣服反面朝外，以防褪色风化，注意通风或每月透风1~2次，放置樟脑丸应用纸包好，不要与衣料接触，以防其挥发而使面料造成污渍现象。

3. 化纤服装

人造棉、人造丝服装以平放为好，不宜长期吊挂，以免因悬垂而伸长。涤纶、锦纶等合成纤维服装，存放没有特殊要求。

思考与练习

1. 阐述各类纤维织物和服装的熨烫要点，并说明原因。
2. 各类服装在储存与保管时应注意哪些事项？
3. 默写洗涤、干燥与熨烫标记符号，并说明哪些服装材料需用这些标记符号。

参考文献

［1］王革辉. 服装材料学［M］. 北京：中国纺织出版社，2020.

［2］朱松文，刘静伟. 服装材料学［M］. 北京：中国纺织出版社，2015.

［3］缪秋菊. 服装面料构成与应用［M］. 上海：东华大学出版社，2007.

［4］于伟东. 纺织材料学［M］. 北京：中国纺织出版社，2006.

［5］于伟东，储才元. 纺织物理［M］. 上海：东华大学出版社，2002.

［6］蔡陛霞. 织物结构与设计［M］. 北京：中国纺织出版社，2013.

［7］唐琴. 服装材料与运用［M］. 上海：东华大学出版社，2013.

［8］陈娟芬. 服装材料与应用［M］. 北京：中国纺织出版社，2021.